Inge Büttner-Vogt

Mehr Spiel & Spaß mit Hund

Von Stangen-Mikado bis Eimer-Olympiade

KOSMOS

Spiele ohne Geräte 12

Von der Begrüßung bis zur Hundebegegnung

1 Beginn der Stunde – Begrüßung 14
2 Rundherum im Kreis 16
3 Die „Kellnerübung" 21
4 Leckerchen-Spiel 22
5 Hundebegegnung an der Leine 25
6 Spiele in einer Reihe 28

Spiele mit Geräten 24

Von der Eimer-Olympiade bis zum klapprigen Bock

1 Die Eimer-Olympiade 36
2 Das Flatterband 44
3 Mattenspiel 46
4 Reifenspiel 47
5 Rohre und Tunnel 48
6 Die Wippe 49
7 Die A-Wand 50
8 Bütten und Leiter 50
9 Das Springding 52
10 Pappkartons 53
11 Der klapprige Bock 54
12 Slalom-Stangen 55
13 Schwimmnudel-Mikado 56
14 Tisch und Stuhl 58
15 Geräte in der Fuß-Runde 59
Bauanleitungen 62

Inhalt

Die Rallye 64

oder so feiert man einen Hundegeburtstag

Die Hundeschule 72

Training planen und Erziehungsfragen

Welpenspielstunden 74
Der Übungsplan 76
Grundkurs Benehmen 77

Service 88

Dank 90
Zum Weiterlesen 92
Nützliche Adressen 93
Über die Autorin 93

Beschäftigung mit dem Hund

Alle Spiele haben Regeln – Shadow muss sich seine Leckerchen erst verdienen.

Aufgrund vieler Anfragen von Lesern meines ersten Buches wurde ich um eine Ergänzung gebeten, die vor allem Beschäftigungsideen zu zweit oder zu mehreren als Thema hat. Denn viele Hundebesitzer treffen sich gerne auf Spaziergängen oder trainieren regelmäßig zusammen in Gruppen. Aber bevor es mit dem Üben richtig losgeht, möchte ich noch etwas zu meiner Trainingsphilosophie sagen.

Aufbau von Vertrauen

Ich habe gelernt, dass es keine „Problemhunde" gibt, sondern nur Hunde, die Probleme mit Menschen hatten oder haben. Unsere Aufgabe ist es, die Hunde aus ihrem geistigen Käfig zu befreien, indem wir über das Spiel Vertrauen und eine wunderbare Partnerschaft aufbauen. Um diese Bereitschaft zu fördern, habe ich dieses Buch geschrieben. Nichts hat mich in den letzten Jahren so stark beschäftigt und nichts hat mich mehr überzeugt als das geistige Training, die Beschäftigung und die Bewegung. Jedes Spiel hat Regeln. Wir brauchen sie, um zu gewinnen und um uns keinen Ärger einzuhandeln. Wenn ein Jungspund, „ohne zu fragen", einen gut sozialisierten, älteren Hund anrempelt, wird er – auch unsanft, aber nie unfair – in die Schranken verwiesen. Hat er verstanden, dass man sich „angemessen" annähern kann, steht einem Kontakt nichts im Weg.

Der Aufbau von Vertrauen ist – besonders bei Kindern – wichtig.

Ein gutes Gefühl

Die japanische Universität Azuba hat festgestellt, dass das menschliche Gehirn beim Spiel mit dem Hund verstärkt das Hormon Oxytocin ausschüttet, das unter anderem Gefühle wie Liebe, Treue und eine innige Mutter-Kind-Beziehung fördert. Die Hormonausschüttung dürfte auch der Grund sein, dass Hunde bei der Behandlung von Menschen mit Ängsten und Depressionen eingesetzt werden und hilfreich sein können. Oxytocin ist ein „Kuschelhormon". Es wird frei, wenn Mütter mit ihren Kindern spielen. Neurobiologische Faktoren spielen eine Rolle, wenn wir mit unserem Hund Kontakt aufnehmen: Wir sind positiv gestimmt und entspannen uns. In Zeiten der „dicken Hunde", Allergien und chronischen Krankheiten, die uns zunehmend heimsuchen, hilft auch uns Menschen die Bewegung in der freien Natur. Sie stärkt nicht nur Muskulatur und Knochen sowie unser Immunsystem, sondern fördert auch unser Gehirn in bislang unbekanntem Ausmaß! (Quelle: Prof. Dr. Jörg Spitz, Experte in Präventionsfragen und Autor über das Vitamin D). Aus diesen Gründen versuche ich die Menschen dazu zu bewegen, mit ihrem Hund zu spielen. Eigentlich sind alle gesunden, intelligenten aber auffälligen Hunde unterbeschäftigt und protestieren auf ihre Art dagegen. Das Wissen über das richtige Maß der Beschäftigung möchte ich an Sie weitergeben. Zirka 250 Mio. Riechzellen sagen dem Hund, wen er vor sich hat. Er kann „stereo" und ein Molekül riechen – ihm entgeht nichts: Sie können Ihre Laune, Ihre Schwäche, Ihre Mentale Leine – ob straff oder schlaff – nicht vor ihm geheim halten. Der Hund wäre der ideale Tester, ob man Ihnen „reinen Wein einschenkt ..."

Info

Die Mentale Leine

Mentale Leine = Kraft, Konzentration, Geduld, Ausdauer und Wissen, die ich in eine Übung lege. Dies führt zu Verhaltensgewissheit und Erziehungssicherheit.

Hunde lernen zuerst mit der Nase, dann den Augen und den Ohren – er weiß sofort, wen er vor sich hat.

Shadow unterscheidet Futterbeutel, Ball und Fichtenzapfen und bringt sie je nach Ansage.

Die einfachsten Spiele sind die besten

Mein Hund versteht über 100 Signale, wir arbeiten mit Clicker, er apportiert und sucht auf alle Arten Futterbeutel oder Dummy. Er kann ein unverpacktes Leckerchen entweder im Korb oder im Maul über eine beliebige Distanz zu Herrchen bringen und die schwierigsten Holzspiele lösen. Aber sein Lieblingsspiel ist „Balldotzen". Er lässt den Ball draußen einen kleinen Abhang hinunterrollen, ich werfe ihn zurück, er lässt ihn wieder hinunterrollen ... Hunde spielen genauso gern immer wieder dieselben Spiele wie Kinder, die immer wieder dieselbe Geschichte hören möchten. Shadow feilt selbst an den Übungen: Ein um mich herum eingesprungenes Sitz mit Blickkontakt und einem Lächeln macht ihm genauso viel Spaß wie mir. Um ihn zu fordern, ändere ich die Übungen auch immer wieder einmal ab. Gehen wir auf unserem Waldsportpfad entlang, läuft Shadow ein Stückchen vor, legt sich ans „Spielzeug" und wartet, bis ich endlich das Startwort gebe!

Shadow ist aufmerksam und wartet auf das nächste gemeinsame Spiel.

Freude am Spiel, Vermeidung von Stress

Hunde teilen uns und den anderen Hunden ständig ihre augenblickliche Befindlichkeit mit (oft werden sie auch „Beschwichtigungssignale" genannt. Da dieses Wort für mein Sprachempfinden eine starke Aggression voraussetzt, verwende ich es nicht).
Diese Befindlichkeitssignale können von Hund zu Hund, also von einer Sekunde auf die andere wechseln. Deshalb bin ich immer sehr aufmerksam und passe auf, dass meine „Mentale Leine" nicht durchhängt. Ich muss sofort sehen, wenn sich ein Hund von den Übungen überfordert oder von den anderen Hunden bedrängt fühlt. Wenn ich sehe, dass ein Hund anfängt, z. B. in die Leine zu beißen, den Blick abzuwenden, zu hampeln, zu gähnen oder sich über die Nase zu lecken, gibt es sofort eine Spielpause: SITZ, BLEIB, Leine ab und VORAN. Leider gehen diese Signale, die in Sekundenbruchteilen erfolgen, verloren, wenn Sie Ihren Hund nicht beobachten.

Kurze Verunsicherung: Über die Nase lecken, Augen abwenden.

Lernen Sie Ihren Hund lesen, dann schaut er auch gleich wieder ganz erwartungsvoll.

Stress in der Gruppe

Sehe ich auf meiner Wiese gerade, dass zwei schnöselige Rüden einen anderen Hund bedrängen, fordere ich Herrchen/Frauchen auf, wenn sie gerade schwatzen, sofort ihrem Hund beizustehen und die anderen Hunde zu vertreiben. Das gibt beim eigenen Hund jede Menge Plus-Punkte. Ich könnte auch einschreiten und mir die Punkte holen, aber das ist unfair: Herrchen/Frauchen soll vor seinem Hund glänzen – und man kann es sofort sehen. Der Hund schaut seinen Menschen an: „Wau, danke, dass Du mich gerettet hast, das war knapp!" Beschützen Sie Ihren Hund und lassen Sie ihn in brenzligen Situationen nicht allein. Scheuen Sie sich nicht, heranstürmende Hunde abzuwehren. Kann Ihr Hund sich auf Sie verlassen, macht ihn das sicher und gelassen für die nächsten Herausforderungen.

Das wird in der Gruppe nicht trainiert

Ängste, Aggressionen und Verständigungsschwierigkeiten „behandle" ich grundsätzlich in Einzelstunden, weil sie von Team zu Team ganz unterschiedlich sind. Für die Lösung muss ich einen maßgeschneiderten Plan ausarbeiten und zahlreiche persönliche Gespräche führen. Dieses Training führt aber immer zur „Gruppenreife". Auch die ersten Schritte der Grunderziehung lernt man bei mir einzeln, damit sich niemand in der Gruppe (wenn alle so gucken) überfordert fühlt. Zudem versuche ich, Herrchen/Frauchen so wenig wie möglich abzunehmen und so viel wie möglich zu zeigen, damit sie es ihrem Hund selbst vermitteln können. Wenn wir lernen, mit unserem Körper zu sprechen wie in einem harmonischen Tanz, ohne fahrige Bewegungen, können wir unserem Hund alle Signale beibringen.

Bei Raiko und Erano ist es eine dicke Freundschaft – rau und herzlich.

Balancieren – Stärkung des Körpergefühls

Hier wird die linke und rechte Hirnhälfte angesprochen. Der Hund lernt, seine Beine und Gelenke zu koordinieren. Wenn Sie manchen Hunden nachschauen, gehen sie hinten breit- und steifbeinig. Sie verletzen sich leichter, wenn sie in ein Mauseloch treten, und holen sich Zerrungen. Besonders im Alter haben trainierte Hunde einen entscheidenden Vorteil: Sie haben einen „Allbein-Antrieb", sie sind geländegängig ... Balanciert ein Hund noch nicht so gut, gibt es „Spaziergangsaufgaben": Krallengriffige Stämme (alles außer Buche) werden für Übungen genommen, bis der Hund seinen Körper koordinieren kann.

Sind die Übungen für alle Hunde geeignet?

Ja, sie sind für alle Hunde geeignet. Es ist aber wichtig, dass Sie Alter, Größe und Gesundheitszustand Ihres Hundes berücksichtigen. Alle Übungen müssen sehr langsam und konzentriert gemacht werden. Auch Hunde mit körperlichen Beeinträchtigungen haben Spaß, wenn man sie herausfordert anstatt verwöhnt. Die Hunde lernen, sich auf ihren Körper zu konzentrieren und die linke und rechte Gehirnhälfte zu trainieren. Ich befürworte deshalb eine langsame Durchführung der einzelnen Übungen, weil die Muskeln viel mehr angesprochen werden und das Gehirn auf Koordination achten muss. Außerdem vermeidet man so Überforderung und Stress. Dies kann man 1:1 auf jede Gymnastik übertragen, mit der wir trainieren. Die Übungen schaffen Vertrauen. Der Hund wagt es, zusammen mit Herrchen/ Frauchen über ein Brett zu balancieren und nicht hektisch zu werden oder herunterzuspringen.

Info

Leckerchen

Leckerchen werden nur ganz am Anfang zum Anreiz eingesetzt, dann – beim zweiten Durchgang – sofort abgesetzt. Dafür gibt es später Extra-Übungen. Bei mir wird nicht „drüber- und vorbeigefüttert"!

Gemeinsames Spiel schafft Nähe: Borie und Melanie sind ein Team. Jacinto benutzt seine Arme zum Balancieren, Shadow hat dafür seine Rute. Durch viel Training hat er einen Allbein-Antrieb entwickelt.

Spiel hat nichts mit Bespaßung zu tun

Beim Spiel gibt es ein Zuviel und ein Zuwenig. In beiden Fällen sind Stresssymptome die Folge: In die Leine oder in die Jacke beißen, Hochspringen, Anbellen, Sachen zerstören u. v. a. m.
Auch wenn viele es nicht gerne lesen oder hören: Hier wurden die Grenzen nicht gesteckt, keine Vertrauensgrundlage aufgebaut, der Hund hat nicht gelernt, von Herrchen/Frauchen zu lernen.
Der Mensch hat es nicht verstanden, dem Hund auch Freiräume zur Entwicklung zu lassen. Dieses Kapitel ist ein ständiges und wichtiges Thema in den Einzel- und Gruppenstunden. Shadow und ich haben Rituale: Wir gehen ein bis zwei Stunden täglich auf die gemeinsame Jagd. Diese Zeit gehört ihm, die gestalte ich spannend oder ruhig, auch einfach mal nur zum Schnuppern – je nach Lust und Laune. Wir treffen seine Hundefreunde und gehen spazieren. Dann schläft er, begleitet mich, wenn er will, bei der Hausarbeit, liegt bei mir beim Buchschreiben, flirtet mit dem Fotografen oder bleibt problemlos allein, wenn Norbert und ich ohne ihn ausgehen. Abends gibt es noch ein Spielchen wie Sachen unterscheiden und aufräumen.

Lieblingsspiel Tischtennis – Shadow spielt mir den Ball übers Netz zurück.

Auch ein einfacher Pappkarton kann zum Spielgerät werden.

Übungsgeräte zum Selbermachen

Viele „Geräte" sind vom Sperrmüll, aus dem Baumarkt, oder ich habe sie im Keller gefunden. Wenn Sie erst einmal Ihren Blick geschult haben, werden Sie am Sperrmüll nicht mehr achtlos vorbeifahren, sondern sich überlegen, ob man die alte Leiter nicht zu einem Übungsgerät umfunktionieren kann. Sie werden nie wieder zu einem Pappkarton einfach nur „Pappkarton" sagen, sondern werden sehen, welch ein Spaßfaktor er für Ihren Hund sein kann.

Spiele allein, zu zweit und in der Gruppe

Sehr viele Übungen sind gemeinsames Training, bei dem es zwar viele Ruheübungen, aber keine Wartezeiten gibt. Alle sind immer dran. Wenn eine Übung erklärt wird, warten die Hunde geduldig im PLATZ. Die sogenannte „Unterordnung" wird spannend verpackt und immer neu im Spiel abgerufen. Nichts kann Sie davon abhalten, allein oder in der Gruppe, mit der Sie immer gehen, die eine oder andere Übung zu machen. Dafür bleibt Ihr Hund bei Ihnen, ohne nach Familie Maus in der Ferne zu buddeln. Die Übungen sind für alle Hundebesitzer, die mit ihren Hunden arbeiten möchten. Sie wissen, dass man seinem Hund nie so nahekommt wie im gemeinsamen Spiel. Sie können viele Übungen allein im Garten, auf dem Spaziergang oder in einer Gruppe machen. Ich habe sie für meine Hundeschule entwickelt und stelle sie immer wieder neu zusammen. Nun fangen wir einfach einmal an ...

1 Beginn der Stunde – Begrüßung
> 14

2 Rundherum im Kreis
> 16

3 Die "Kellnerübung"
> 21

Spiele ohne Geräte

Von der Begrüßung bis zur Hundebegegnung

4 Das Leckerchen-Spiel
> 22

5 Hundebegegnung an der Leine
> 25

6 Spiele in einer Reihe
> 28

1 Beginn der Stunde – Begrüßung

Zu Beginn jeder Stunde stehen wir im Kreis; ich begrüße alle Teilnehmer mit Handschlag.

1. Dabei sitzt der Hund gelassen etwas hinter Herrchen/Frauchen, springt nicht an und reagiert nicht auf mich.
2. Hat Ihr Hund verstanden, dass er ruhig sitzen bleiben soll, tut er dies künftig bei allen Begrüßungen.
3. Manchmal nehme ich auch einen Ball und lasse ihn fallen,
4. spanne einen Regenschirm auf,
5. wedle mit den Armen oder mache sonst wie den Kasper.

Die neuen Hunde preschen vor und wollen mich anspringen – warum? In dem Moment, indem sich unsere Augen treffen und wir Menschen uns anlächeln, werden die Muskeln des linken Armes locker. Der Hund nutzt diese Gelegenheit, um uns anzuspringen. Deshalb üben wir: Rechte Hand nach vorn zur Begrüßung, linke Hand geht

Sam springt mich bei der Begrüßung an. Besser: Er sitzt hinter Frauchen, wird abgeschirmt, dann klappt es.

Begrüßung mit und ohne Hund – mit Schirm und Hund – alle bleiben gelassen und haben Vertrauen.

etwas nach hinten und hält die Leine fest – das ist eine gegenläufige Bewegung. Das linke Bein steht vor dem Brustbein des Hundes: So schirmen wir ihn ab und können uns in Ruhe begrüßen.
Weicht ein Hund vor dem Schirm zurück, lege ich ihn zuerst geschlossen auf den Boden. Der Hund springt darüber – Leckerchen – der Hund umrundet den aufgespannten Schirm auf dem Boden – Leckerchen – er holt sich ein Leckerchen aus dem Schirm – Stopp! Nicht überfordern! Das Aufspannen und weitere Übungen sind für den Besitzer Hausaufgaben.

Variation 1: Begrüßung mit Hund

1. Zwei Teilnehmer gehen aufeinander zu und
2. bleiben mit ihren Hunden in der Mitte stehen.
3. Die Hunde sitzen neben ihren Menschen und schnuppern nicht hinüber. Schirmen Sie Ihren Hund etwas ab.
4. Geben Sie sich dann die Hand und gehen wieder weiter an den freien Platz zurück.

Variation 2: Begrüßung ohne Hund

1. Lassen Sie Ihren Hund mit PLATZ und BLEIB liegen,
2. gehen zur Mitte, begrüßen Ihr Gegenüber mit Handschlag und
3. lächeln sich an,
4. gehen dann zu Ihrem Hund zurück,
5. gehen rechts um ihn herum nach links – er bleibt liegen –,
6. ergreifen die Leine und geben das Signal SITZ.

Info

Immer dazwischen

Bei allen Begegnungen, gleich welcher Art, helfen Sie Ihrem Hund, indem grundsätzlich Ihr Körper zwischen dem Ereignis und Ihrem Hund ist. Ereignisse sind Reiter, Jogger, Kinderwagen, Leinenhunde, knatternde Motorräder, kurz alle Monster, mit denen Ihr Hund nur mit Ihrer Hilfe fertig wird, ohne zu bellen.

2 Rundherum im Kreis

Besonders nach einer Toberunde gibt es eine ruhige FUSS-Rrunde, damit der Adrenalinspiegel wieder sinkt, die Hunde nach der Stunde körperlich und geistig ausgelastet sind, und Herrchen/Frauchen für den Tag „spielen gehen" kann, weil der Hund zufrieden schläft.

Im Kreis an lockerer Leine gehen

1. Wir gehen einzeln an lockerer Leine im Kreis,
2. der Hund wird im Gehen abgeleint.
3. Wir klopfen kurz ans Bein, um seine Aufmerksamkeit zu bekommen und sprechen mit dem Hund, um ihn BEI FUSS zu halten.
4. Eine Runde BEI FUSS für die Fortgeschrittenen.
5. Die Neuen leinen nicht ab, sondern lassen die Leine auf den Boden fallen und ergreifen sie sofort wieder, wenn der Hund versucht, stiften zu gehen ... (FREI BEI FUSS trainieren wir zuerst ohne Ablenkung in der Einzelstunde).

Die rechte Gruppe hat einen Handwechsel gemacht, weil eine Begegnung Hund zu Hund immer zu Stress führt.

Kehrtwendung

Die Übung können wir auf jedem Spaziergang wiederholen – einfach so oder wenn sich unser Hund über Nachbars Lumpi aufregt. Dann beenden wir sofort den Blickkontakt, gehen in die Gegenrichtung und bedeuten ihm, dass wir der Nabel der Welt sind und nicht Lumpi.

– Wir drehen uns zum Hund,
– wechseln die Leine hinter dem Rücken
– und gehen in die entgegengesetzte Richtung weiter.
– Sofort haben wir wieder die Aufmerksamkeit des Hundes.

Handwechsel

An entgegenkommenden Leinenhunden, Joggern, Reitern, Kinderwagen usw. gehen wir mit unserem Körper dazwischen vorbei.
Um unseren Körper zwischen das Ereignis und unseren Hund zu bringen,
– wechseln wir hinter dem Rücken die Leine
– nach rechts oder links je nach Ereignis,
– dabei wird die Richtung beibehalten.
Fast alle Hunde gehen aggressionsfrei aneinander vorbei, fühlen sich beschützt und haben keinen Grund zu knurren – sie haben „nichts zu erledigen".

Einen Hund weiter und abrufen

– Alle Hunde werden ins SITZ und BLEIB gesetzt.
– Jeder geht weiter zum nächsten Hund,
– der eigene Hund wird abgerufen, kommt (hoffentlich), umrundet Sie und sitzt.

Variation 1: Nach zwei Hunden abrufen

1. Dieselbe Übung,
2. aber Sie gehen zwei Hunde weiter
3. und rufen ab.

Bei dieser Übung ist Unterordnung „verpackt": SITZ, BLEIB, HIER mit sofortigem Kommen ohne Umwege – und mit Ablenkung.

Variation 2: Durch den Kreis abrufen

1. Nun wird es spannend: Gehen Sie so lange im Kreis weiter, bis Sie Ihrem Hund gegenüberstehen.
2. Alle Hunde werden gleichzeitig abgerufen und rennen durch den Kreis: Unverzüglich, ohne zu spielen, kommt Ihr Hund zu Ihnen, umrundet Sie und sitzt – wau!
3. Auf jeden Fall: Freuen – Loben – Leckerchen!
4. Fangen 2 Hunde in der Mitte an zu spielen oder gehen Umwege, versuchen wir sie zu rufen und haben Glück, wenn sie kommen.
5. Es ist eine Frage der Wiederholung – keine Sorge, Hunde lernen schnell.

Variation 3: SITZ und PLATZ

1. Alle stehen innen im Kreis, die Hunde sitzen außen.
2. Sie sind Ihrem Hund zugewandt und
3. machen eine Handbewegung zum PLATZ (mit der Hand von oben nach unten),
4. eine Handbewegung zum SITZ (mit der Hand von unten nach oben).

Variation 4: SITZ und PLATZ von weitem

1. Ihr Hund sitzt neben Ihnen.
2. Sie geben das Signal SITZ und BLEIB und gehen weg,
3. nach drei Schritten drehen Sie sich lässig um und sagen PLATZ,
4. gehen weiter,

SITZ – drei Schritte rückwärts – PLATZ von weitem – deutliche Körpersprache ist Trumpf!

Alle Hunden sitzen im Innenkreis und werden gleich abgerufen.

5. drehen sich wieder um, ziehen den Hund mit der Hand nach oben zum SITZ,
6. mit einer weiteren Handbewegung ins STEH,
7. Abrufen, Freuen – Loben – Leckerchen.

Was haben Sie davon?

Nehmen wir einmal an, Sie haben gerade von einer Tasse Kaffee geträumt. Ein Jogger kommt um die Ecke und Ihr Hund steht im Weg herum. Schnell „SITZ oder PLATZ von Weitem" zeigen, und wir heimsen, wenn der Jogger nicht so doggenernst trainiert, ein Lob ein. Im anderen Fall kommen die Sätze von Ihnen: „Der tut nix, der will nur spielen" und, wenn er den Jogger apportiert: „Das hat er ja noch nie gemacht" – diese Sätze sind der Untergang der deutschen Hundeerziehungskultur.

Variation 5: Ohne Hund spazieren gehen

1. Alle Hunde bleiben liegen/sitzen (Hauptsache sie bleiben auf ihrem Platz).
2. Alle Menschen gehen spazieren, ausnahmsweise ohne Hund,
3. kreuz und quer, außen herum, um die Hunde herum, alle bleiben gelassen liegen.
4. Bei noch unsicheren Hunden auf den Abstand achten. Bleiben Sie im Blickfeld Ihres Hundes (nicht hinten herumgehen), schauen oder sprechen Sie ihn nicht an.
5. Zurück an seiner linken Seite, klopfen Sie ans Bein und holen ihn ins SITZ.

> **Info**
>
> **Gelenkschonend**
>
> Für die Gelenke ist es besser, wenn der Hund grundsätzlich aus dem PLATZ abgeholt und nur aus dem SITZ abgerufen wird. Bei den Übungen in der Hundegruppe ist es allerdings wichtiger, dass der Hund bleibt, egal ob im Sitz oder Platz.

Variation 6: Durch die Gruppe abrufen

1. Ein Mensch-Hund-Team steht außen, alle anderen stehen/sitzen innen beieinander,
2. der Hund außen bekommt das Signal SITZ und BLEIB,
3. sein Mensch geht um die Runde herum, steht jetzt hinter der Gruppe
4. und ruft seinen Hund zu sich.
5. Nur die ganz gelassenen Hundealthasen laufen durch die Gruppe, die noch unsicheren Kandidaten außen herum.

Variation 7: Nach innen abrufen

1. Nach der FUSS-Runde bleiben alle stehen. Für die Hunde heißt es SITZ und BLEIB.
2. Alle gehen in die Mitte des Kreises – alle Hunde bleiben außen sitzen.
3. Jetzt rufen Sie alle gleichzeitig Ihre Hunde und lassen sie neben sich sitzen. Keiner knurrt oder schnuppert mal kurz herüber.

Variation 8: Nach außen abrufen

1. Alle stehen außen, die Hunde sitzen innen im Kreis
2. und werden gleichzeitig gerufen.

Variation 9: „Geh zu Herrchen/Frauchen"

1. Alle Hunde sitzen außen im Kreis – Herrchen/Frauchen stehen in der Mitte,
2. ich gehe an den Hunden vorbei und versuche, sie mit einer zeigenden Handbewegung zu ihrem Menschen zu schicken.
3. „Geh zu Herrchen/Frauchen", der Hund sollte mich so ansehen wie: „Pffft, da könnte ja jede kommen", und bleibt sitzen. Klar, dass sie dann von mir ein dickes mündliches Lob kassieren.

Charly bleibt hinter der Gruppe sitzen – ein Jack Russell macht keinen Bogen, sondern geht mitten durch – super!

3 Die „Kellnerübung“

Zoe steigt über Erano, er bleibt liegen – alles eine Frage des Vertrauens.

Wenn Sie es möchten, kann jeder über Ihren Hund steigen – er bleibt gelassen liegen. Diese Übung heißt auch „Kellnerübung“: Wenn das Essen kommt, bleibt Ihr Hund unter dem Tisch liegen.

1. Legen Sie Ihren Hund auf Ihrer linken Seite ins Platz, dann gehen Sie rechts herum, auf seine linke Seite, Ihr Hund bleibt liegen.
2. Steigen Sie über den Hund – links und rechts (Vorsicht: Nicht mit dem Schuh berühren).
3. Mit dieser Übung retten Sie zu Hause Ihr gutes Geschirr, auch wenn Ihr Hund immer im Weg liegt.

Variation: Alle steigen über alle Hunde (nur bei sicheren Hunden)

1. Alle Hunde liegen im PLATZ.
2. Jeder steigt über alle liegenden Hunde.
   Üben Sie langsam: Wenn Sie zum Darübersteigen ansetzen, kraulen Sie den Hund am Kopf und sprechen Sie mit ihm.

4 Das Leckerchen-Spiel

Alle stehen im Kreis, alle Hunde machen PLATZ und liegen neben ihrem Herrchen/Frauchen. Leckerchenspiele sind Bestandteil jeder Übungsstunde. Ein gut antrainiertes NEIN kann dem Hund das Leben retten oder ihn vor Magen-Darm-Problemen schützen.

Charly bleibt ruhig sitzen, obwohl ich ein Leckerchen werfe – Melanie hat NEIN gesagt.

NEIN, wir fressen das Leckerchen nicht

1. Jetzt wird es spannend: Alle gehen zwei bis drei Schritte zurück, die Hunde bleiben im PLATZ liegen.
2. Ich lege vor jeden Hund ein Leckerchen, Herrchen/Frauchen sagt ein deutliches NEIN.
3. Die Hunde bleiben, während ich unterwegs bin, liegen.
4. Ich gehe noch einmal herum und sage: „Nimm's dir!" und zeige auf das Leckerchen.
5. Die „alten Hasen" drehen den Kopf weg (wau!),
6. die Jungspunde brauchen noch ein NEIN aus der Regie von hinten. (Bei Hunden, die die Übung noch nicht kennen, sollte man neben dem Hund stehen bleiben, damit man den Fuß schnell auf das Leckerchen stellen und damit das NEIN betonen kann).
7. Die „Neuen" fressen das Leckerchen gleich – gut, das lernen wir noch. Nicht ärgern.
8. Nun gehen alle zu ihrem Hund zurück – dickes Lob, wenn das Leckerchen noch da ist,
9. heben es vom Boden auf und geben es ihrem Hund aus der Hand. Denn alles, was auf dem Boden liegt, ist tabu.

Variation 1: Abrufen vom Leckerchen

1. Alle stehen zwei bis drei Schritte vom Hund entfernt. Ich lege allen Hunden ein Leckerchen vor die Füße.
2. Der Hund wird vom Leckerchen weg abgerufen – er soll es natürlich liegen lassen
3. und zu Herrchen/Frauchen kommen,
4. dann wird er mit SUCH SCHÖN zurückgeschickt zum Fressen. Nur mit dem Signal SUCH SCHÖN darf der Hund etwas vom Boden fressen.

Das Leckerchen liegt bei Blacky vor den Pfoten – er wird abgerufen – und mit SUCH SCHÖN zum Fressen geschickt – Erano nimmt alles sehr gelassen.

Variation 2: Die „böse Dose"

Nach dieser Übung folgt eine FUSS-Runde. Ich stelle die „böse Dose", gefüllt mit Bergkäse, Leckerchen, Schinken, Leberwurst, auf den Boden. Alle Hunde gehen an lockerer Leine daran vorbei – ein scharfes NEIN sollte genügen – sollte! Raico, heute perfekt, nahm öfter mal das Döschen und kippte es ab wie ein Schnapsglas ...

Variation 3: Neben der Dose ablegen und abrufen

1. Der Hund wird an der Leine oder frei (je nach Bildungsgrad) neben der „bösen Dose" abgelegt und Herrchen/Frauchen geht ein paar Schritte weg,
2. und ruft dann den Hund zu sich.
3. Ablauf: Hund liegt, wird abgerufen, sehnsüchtiger Blick zur Dose – aber das Signal von Herrchen/Frauchen ist stärker – ein dreifach donnerndes Wau.

Für Labradore eine sehr schwierige Übung! Sammy liegt neben der Dose, wird abgerufen und nimmt sich nichts heraus! Sunny und Pedro können es ebenfalls.

5 Hundebegegnung an der Leine

Für alle Hunde bedeutet es Stress, wenn sie an der Leine „Hund an Hund" aneinander vorbei müssen – es kann nicht klappen, weil jeder Hund diese Annäherung eines fremden Hundes als Zumutung empfindet. Sehen Sie bitte auch davon ab, Ihren Hund an einem Ereignis oder an einem anderen Hund „vorbeizufüttern".
Versuchen Sie es so: Wechseln Sie die Leine hinter Ihrem Rücken auf Ihre andere Seite. Jetzt ist unser Körper dazwischen, der Hund geht hinter Ihren Füßen. Nun geschieht ein Wunder: Bello fühlt sich beschützt und geht am anderen Hund vorbei. Es klappt auch, wenn der andere Hund keift. Laufen Sie zusätzlich einen leichten Bogen – vom anderen Hund weg, ist es für Ihren Hund noch angenehmer.

Ihr Körper sollte immer bei Begegnungen Ihren Hund abschirmen – Ihr Hund wird sich beschützt fühlen. Eine solch nahe Begegnung wie auf dem Foto geht nur bei Hunden mit Urvertrauen.

In Zweierreihe nebeneinander – ruhig und an lockerer Leine BEI FUSS.

Gelassen aneinander vorbei

1. Alle stehen im Kreis, der Hund ist an der linken Seite.
2. Wir laufen eine Runde BEI FUSS und auf mein Signal gehen alle mit ihren Hunden durch die Mitte. Volle Konzentration – es wird nicht geknurrt, auch von Ihnen nicht!
3. Wir haben ohne Blutvergießen die andere Seite erreicht – loben.
4. Wichtig: Alle Hunde bleiben gelassen und gehen an lockerer Leine aneinander vorbei. Bei dieser Übung gibt es keinen Handwechsel.
5. Sie werden sehen, dass bei dieser Übung der Stresspegel etwas ansteigt und Sie deutlich den Unterschied zum angenehmen Handwechsel erkennen. Hunde, die den Handwechsel kennen gelernt haben, gehen schon vorher auf die andere Seite, weil sie sich dort wohler fühlen.

Im Kreis in Zweier- und Dreierreihe

1. Wir gehen eine FUSS-Runde an lockerer Leine.
2. Der Vorderste wartet, der Nächste rückt auf, so dass zwei Reihen entstehen.
3. Wir gehen in Zweierreihe gelassen, ohne rüber zu schnuppern,
4. dann vielleicht in einer Dreierreihe, alle Hunde sollen ruhig nebeneinander hergehen.
5. Wichtig: Alle Hunde werden links geführt, damit immer ein Körper dazwischen ist.

Slalom durch die Hunde

1. Alle Hunde liegen neben Herrchen/Frauchen auf der linken Seite in einer Reihe hintereinander (auf Abstand achten).
2. Ein Team macht sich auf den Weg und geht Slalom durch die liegenden Hunde; die anderen Hunde bleiben unbeteiligt liegen, ihre Menschen stehen neben ihnen.
3. Ein ständiger Handwechsel der Leine ist notwendig, damit Ihr Körper immer zwischen Ihrem und dem anderen Hund ist.
4. Bei rechtzeitigem Handwechsel sollte es gelingen, dass alle Hunde ruhig bleiben und nicht aufstehen.
5. Diese Übung brauchen Sie täglich. Sobald ein Ereignis kommt, wie Kinderwagen, Reiter, Jogger und besonders Leinenhunde, machen Sie einen Handwechsel auf die abgewandte Körperseite.
6. Doch Vorsicht: Ihr Hund wird in Richtung Ereignis springen, wenn er nicht hinter Ihren Füßen geht und Sie zum Ereignis schauen – behalten Sie ihn im Auge.
7. Schützen Sie Ihren Hund und lassen Sie den anderen kläffen.

Was haben Sie von diesen Übungen?

Eine kleine Pause... Jeder, der seinen Hund nicht ernst nimmt, hat den Hund, den er verdient. Ein wüster Zieher, Klauer, Wegläufer, Anspringer und Leckerchen-Schnapper, der keine Regeln kennt, nervt. Man kann den Hund nirgends mit hinnehmen, er ist genauso peinlich wie ein Kind, das im Restaurant mit Nudeln wirft.
Wenn wir unseren Hund führen und anleiten, mit ihm spielen, ihn geistig beschäftigen und seine Sprache lernen, öffnet sich eine Welt des Vertrauens. Viele der Hunde auf den Fotos hatten ein Problem. Wir haben ihnen Selbstvertrauen vermittelt.

Patrizia wechselt die Leine – Sunny und Sammy bleiben liegen.

6 Spiele in einer Reihe

Hundewettrennen

Hier sind viele Elemente vereint: SITZ und BLEIB, Kommen mit HIER ohne unterwegs zu spielen, Herrchen/Frauchen zu umrunden und zu sitzen. So geht's:

1. Entweder Sie gehen mit erhobener Hand rückwärts, bleiben etwas näher (2–5 Schritte) am Hund stehen und behalten die Hand oben und den Hund im Auge (Anfänger).
2. Oder Sie geben ein lässiges BLEIB mit kurz erhobener Hand, drehen sich um und gehen ca. 15 m weiter (Fortgeschrittene).
3. Alle stehen mit dem Gesicht zum Hund.
4. Nun rufen alle ein fröhliches HIER, die Hunde laufen los – und direkt zu ihrem Menschen –, ohne zu spielen, quer zu laufen oder zu schnuppern – wau, toll, es sind alle da!

Gemeinsam arbeiten

Sie sagen, es ist Ihnen zu viel „Unterordnung" (SITZ, PLATZ, FUSS, HIER)? Jeder von uns würde in einer Firma versuchen zu kündigen, wenn der Chef ein „Weichei" ist. Hunde haben überhaupt kein Verständnis für Wort-Schwälle. Sie lieben klare Ansagen. Der Hund ist das einzige Lebewesen, das mit uns arbeiten möchte, er liebt es, wenn wir seine Sinne nutzen – er hasst es, an der Ausziehleine „Gassi" geführt zu werden. Alle Hunde lieben den Samstag, wenn es wieder heißt: SITZ, PLATZ, FUSS – aber mit viel Lachen und Spaß!

Bilder rechte Seite:
SITZ, BLEIB und HIER – Wettrennen ist sehr beliebt – Erano flirtet lieber mit dem Fotografen und verzichtet auf das Preisleckerchen.

Info

Ablenkungsfrei

Sie stöhnen: Zu Hause oder auf dem Spaziergang klappt es immer und in der Hundegruppe am Anfang nicht?
Das ist ganz normal: Wenn Sie in der stillen Studierstube alle Vokabeln können, gelingt es Ihnen noch lange nicht, dass Sie sich unter Ablenkung unter vielen Menschen daran erinnern. Aus diesem Grund üben junge Musiker in der Fußgängerzone und Menschen gehen mit ihren Hunden zum Training – es ist die Nagelprobe allen Lernens.

Info

Signal BLEIB

Wenn Ihr Hund Ihnen folgt und Sie ihn nicht zurück an die Stelle bringen, an der es „noch warm" ist, wird er immer hinter Ihnen herrobben, -schleichen und kommen. Denn es klappt ja, Ihnen wieder nahe zu sein.

Wer kennt seinen Namen?

1. Alle Hunde sitzen neben ihrem Herrchen/Frauchen.
2. Herrchen/Frauchen entfernt sich mit einem deutlichen BLEIB. Die Entfernung richtet sich nach dem Ausbildungsstand des Hundes. Fortgeschrittene gehen rund 10 m und drehen sich dann zum Hund um.
3. Alle werden gebeten, ohne Körpereinsatz wie Auf-die-Schenkel-Klopfen oder In-die-Hände-Klatschen, den Hund zu rufen. Deshalb legen alle ihre Hände auf den Rücken.
4. Der erste Hund wird namentlich abgerufen: z. B. Benno HIER.
5. Benno wird stutzen, den Kopf schief legen und (vielleicht) kommen.
6. Alle anderen Hunde bleiben sitzen. Hoffentlich!
7. Sind doch alle gekommen, beginnen wir von vorn und bringen alle Hunde dahin zurück, wo es noch „warm" ist. Also an die Stelle, an der sie eben noch gesessen haben.
8. Diese Übung ist interessant, weil wir dadurch erfahren, ob der Hund seinen Namen kennt oder nur kommt, weil wir mit den Armen wedeln.

Variation: Ihr Hund lernt seinen Namen kennen

Bitte ohne deutliche Körpersprache, nicht auf den Schenkel klopfen, nicht in die Hocke gehen, nicht mit hoher Piepsstimme sprechen – ich weiß, das ist alles sehr schwierig!

1. Alle Hunde sitzen neben Herrchen/Frauchen.
2. Diese geben ein deutliches BLEIB und gehen ein paar Schritte vom Hund weg.

Alle Hunde sitzen und bleiben.

3. Der erste Hund wird mit „Rose HIER", „Tulpe HIER" etc. abgerufen.
4. Nein! Er sollte nicht kommen! Ist er nicht? Erst bei seinem Namen? Wau!

Was haben Sie davon?

Diese Übung lehrt die anderen Hunde, dass sie nicht alle Raiko heißen und sie nur kommen sollen, wenn ihr Name gerufen wird; und zwar nicht von irgendjemandem, sondern nur von Herrchen/Frauchen.

Gemeinsam ins SITZ, PLATZ und BEI FUSS

1. Alle stehen in einer Reihe, die Hunde sitzen an der Seite.
2. Alle gehen auf mein Signal gleichzeitig los.
3. Klatsche ich in die Hände, machen alle Hunde gleichzeitig SITZ, und weiter geht's.
4. Dann PLATZ, Schenkel klopfen ins SITZ, weitergehen.
5. Dann STEH, weitergehen.
6. Alle Hunde SITZEN und BLEIBEN,
7. Herrchen/Frauchen gehen vorwärts, klopfen an ihr linkes Bein, die Hunde kommen, berühren die Hand mit der Schnauze und „docken" kurz an,
8. dann geht es weiter BEI FUSS.
9. Das kann man links (FUSS) und rechts (BEI) trainieren.

Hanne ruft ihren Hund Tyler ohne Körpereinsatz – alle anderen bleiben – gut so!

Nie Hund an Hund vorbeigehen, immer ein Handwechsel, dann sieht es harmonisch aus.

An der Reihe vorbei

Mit Leine

1. Alle Hunde sind an der Leine und liegen neben Herrchen/Frauchen in einer Reihe.
2. Das äußerste Team geht an den anderen Hunden vorbei (der Hund ist dabei angeleint).
3. Der Hund zieht zum anderen Hund, dieser steht auf und knurrt – warum?
4. Richtig: Handwechsel ist vergessen worden – jetzt aber fix!
5. Kehrtwendung oben,
6. an allen Hunden vorbei, wieder mit Handwechsel – und Ruhe ist.

Ohne Leine

1. Der Hund am Ende der Reihe kommt ins SITZ.
2. Herrchen/Frauchen geht allein an allen Hunden vorbei und bleibt oben stehen.

Mario hat Blacky ins SITZ geschickt, geht und ruft ihn ab – die anderen Hunde bleiben ruhig sitzen.

Info

Nicht durch die Gasse

Lassen Sie Ihren Hund nicht durch eine Hundegasse laufen. Er fühlt sich dabei nicht wohl, weil er nicht ausweichen und keinen Bogen gehen kann.

Alle Hunde bleiben ruhig sitzen und werden gleich nach hinten zu Herrchen/Frauchen abgerufen.

3. Nun wird der Hund herangerufen und kommt – hoffentlich ohne zu schnuppern oder zu pinkeln! Wenn wir genau hinschauen, können wir den Bogen erkennen, den die meisten Hunde hierbei laufen.
4. Alle anderen Hunde zucken nicht mit der Wimper, wenn Benno vorbeistürmt.

Rückwärts abrufen

1. Die Hunde werden in zwei Reihen (Kopf zu Kopf) nebeneinander gesetzt.
2. Dann wird die Leine gelöst und Herrchen/Frauchen entfernt sich ca. drei Schritte nach hinten (SITZ und BLEIB).
3. Alle Hunde werden rückwärts abgerufen, sitzen entweder vor, dann FUSS,
4. oder gehen hinten herum ins seitliche SITZ.
5. Keiner der Hunde starrt oder Knurrt – eine tolle Leistung.

1 Die Eimer-Olympiade
> 36

2 Das Flatterband
> 44

3 Mattenspiel
> 46

4 Reifenspiel
> 47

5 Rohre und Tunnel
> 48

6 Die Wippe
> 49

7 Die A-Wand
> 50

8 Bütten und Leiter
> 50

9 Das Springding
> 52

10 Pappkartons
> 53

Spiele mit Geräten

Von der Eimer-Olympiade bis zum klapprigen Bock

11 Böcke
> 54

12 Slalom-Stangen
> 55

13 Schwimmnudel-Mikado
> 56

14 Tisch und Stuhl
> 58

15 Geräte in der FUSS-Runde
> 59

Bauanleitungen
> 62

1 Die Eimer-Olympiade

Meine roten Eimer sind Papierkörbe, die ca. 2 Euro kosten. Putzeimer gehen auch, kippen aber leicht wegen des Henkels. Die Eimer haben im Gegensatz zu den Stangen den Vorteil, dass man sie nicht in den Boden rammen muss – besonders im Winter und in trockenen Sommern sind die Stangen unpraktisch.

Slalom um die Eimer

1. Alle Eimer stehen in einer Reihe oder im Kreis.
2. Alle Mensch-Hund-Teams gehen Slalom um die Eimer herum.
3. Auszubildende: Hier können Sie vor Ihrem Hund rückwärts durch die Eimer gehen und ihn aufmuntern, mitzukommen.
4. Gesellen: Gehen Sie mit Ihrem Hund durch die Eimer (nach rechts: leicht ans Bein klopfen, nach links: mit dem Bein die Richtung vorgeben).
5. Meister: Sie bleiben auf der rechten Seite und schicken ihn lässig und elegant mit KOMM und GEH durch die Eimer.

Variation: Auf jedem Eimer liegt ein Leckerchen

Hier zeigen sich die kaltblütigen Könner, die trotz aller Verführungen ihrer Arbeit nachgehen und das Leckerchen liegen lassen. Das können selbst Labradore und Beagle lernen.

Hanne zeigt mit Tyler wie es die Meister machen: KOMM mit Klopfen und GEH mit Zeigen.

Christine geht mit Erano durch die Eimer, auf denen je ein Leckerchen liegt ...

... Erano schafft es, hindurchzugehen, ohne ein Leckerchen zu schnappen, weil er ein klares NEIN versteht.

Info

Aufbau der Übung

Alle Übungen gelingen am besten, wenn sie langsam und ohne Leckerchen vor der Schnauze gemacht werden. Leckerchen gibt es bei mir auf der Hundewiese nur zum Antrainieren, am Anfang und zwischendrin zum Mut machen – und nach einer besonders tollen Leistung.
Die Hunde dürfen bei den Übungen nicht aufdrehen, sondern sie sollen konzentriert mitarbeiten.
Am Ende der Übungen gehen alle entspannt von der Wiese.

Zoes eigenwillige Auslegung der Eimerübung. Perro (unten) nimmt das Hindernis mit Bravour – Frauchens Körpersprache stimmt!

Der Turm

1. Die Eimer werden zu einem Hindernis aufgebaut.
2. Zuerst wird an der Leine hindurchgesprungen,
3. dann ohne Leine.
4. Zum Schluss heißt es SITZ und BLEIB für den Hund.
5. Herrchen/Frauchen geht hinter das Hindernis und ruft den Hund zu sich.

Ist Ihr Hund gesprungen und hat das Hindernis nicht umrundet? Super! Hunde denken „körperwirtschaftlich" und machen es sich gerne einfach – und wir fordern sie gerne ein bisschen heraus.
Nun haben Sie schon gemerkt, dass man nicht viel Geld ausgeben muss, um lustige Geräte für den Hund zu erfinden. Schon, wenn Sie die Papierkörbe in verschiedenen Abständen aufstellen und Ihren Hund hindurchschicken, oder mit ihm gemeinsam durch die Eimer gehen (FUSS-Übung) , ist es für Ihren Hund immer eine neue Übung. Denken Sie bitte immer daran: Der Weg ist das Ziel, Ihr Hund muss nichts gleich können, aber er sollte sich für Sie interessieren und an Ihrer Seite bleiben, weil Sie spannend sind.

Gooo

Jedes Team hat einen Papierkorb zur Verfügung.

Schritt 1 (antrainieren mit Leckerchen)

1. Wir stellen uns mit dem Hund an unserer linken Seite davor auf,
2. haben ein Leckerchen in der rechten Hand,
3. führen mit ihr den Hund um den Papierkorb herum und sagen ein langgezogenes „GOOOO".
4. Er erhält das Leckerchen genau während der Umrundung, um sie zu fördern.

Schritt 2 (fortgeschritten)

1. Wir zeigen den Preis (Leckerchen) mit der linken Hand,
2. die rechte führt den Hund um den Eimer herum,
3. der Hund erhält das Leckerchen aus der linken Hand, damit er sich auf die Übung konzentrieren kann.

Schritt 3 (meisterhaft)

Chip geht mit Hilfe von Juttas Handzeichen aus einiger Entfernung um den Papierkorb. Ihre Bewegungen sind klar und deutlich – das ist sehr wichtig!

Jutta zeigt Chip das Gooo in kurzer Entfernung mit deutlicher Körpersprache, gibt das Leckerchen genau bei der Umrundung, um diese Bewegung zu fördern.

Knisternd durch die Eimer

Bilden Sie mit den Eimern eine Gasse, dazwischen wird eine Folie, Plane oder Pappe gelegt (unbekanntes Material, das knistert), und am Ende wird noch eine Schwimmnudel eingebaut. Die Eimer stehen in gleicher Anzahl links und rechts (z. B. je 5 Stück).

1. Laufen Sie mit Ihrem Hund außen mit und ermuntern Sie ihn, über die unbekannte Plane zu rennen.
2. Mit einem HOPP geht es am Ende der Strecke über die Schwimmnudel.
3. Jetzt wird kräftig gelobt.

Variation

1. Ein Assistent (hier greife ich mir gern mitgebrachte Ehemänner und ältere Kinder) hält eine Slalom-Stange zwischen dem zweiten und dritten Eimer.
2. Der Hund wird am Anfang der Gasse abgesetzt.
3. Herrchen/Frauchen geht ans Ende der Eimer und ruft den Hund zu sich.
4. Läuft der Hund außen herum, weil er zu weit weg von den Eimern sitzt, dann ist die Übung im Eimer!
5. Läuft er zwischen den Eimern hindurch und springt über die Stange freut sich Herrchen/Frauchen am Ende ganz toll, und es gibt ein Leckerchen.

Blacky und Charly stören unbekanntes Material unter den Pfoten nicht mehr, sie überspringen die Schwimmnudel mit Schwung.

Die Eimerjagd

Sie benötigen einen schwarzen Baueimer (Baumarkt). Warum? Da die klugen Hundchen sonst unter jedem roten Papierkorb ein Leckerchen vermuten, ihn umdrehen und somit ständig den Parcours durcheinanderbringen. Hunde können Formen sehr gut unterscheiden. Zwischenruf für Mütter, die mit ihren Kindern zum Geburtstag „Topfschlagen" spielen wollen, ohne den Hund wegzusperren: Es geht nicht mehr! Der Hund dreht den Topf voller Begeisterung um, und das Geburtstagskind brüllt (habe ich aus zuverlässiger Quelle erfahren).

1. Alle Hunde sind an der Leine, sonst kann es hier knallen, wenn zwei Hunde gleichzeitig am Eimer ankommen!
2. Alle stehen im Kreis, ich in der Mitte als „Herrin des Eimers".
3. Ich zeige dem ersten Hund das Leckerchen und lege es unter den Eimer.
4. Erfahrene „Jäger" werden voran geschickt (SUCH SCHÖN) neue Hunde werden begleitet (aber immer nur einer!).
5. Von Seiten der Hunde ist jetzt alles erlaubt: Schieben, Wegschlagen, Umkippen – Hauptsache es passiert etwas, um an das Leckerchen zu gelangen.
6. Spätestens jetzt sind alle anderen froh, ihre Hunde an der Leine zu haben.
7. Fortgeschrittene werden nach erfolgreicher Jagd wieder abgerufen, Neue mit zurück auf den Platz genommen.
8. Ich verstecke das Leckerchen für den nächsten Hund usw.

Der Eimer ist „erlegt", die Beute kann gefressen werden.

Varianten

1. Decken Sie den offenen Eimer mit einem Stück Pappe ab, Sie werden staunen, was alles passiert: Die Pappe fliegt durch die Luft oder sie verteidigt das Leckerchen, indem sie beim Hochklappen zurückfällt.
2. Der Hund wird auf dem Weg zum Eimer ins STOPP gerufen, es geht weiter mit SUCH SCHÖN und zur Belohnung darf er das Leckerchen fressen.

Diese Übung ist Jagd pur. Viele Hunde können es kaum erwarten, sich auf den Eimer zu stürzen. Würden sie sich losreißen, käme es am Eimer zu einer Beißerei – also bitte Vorsicht! Dieses Spiel können Sie täglich machen: Lassen Sie erst den Eimer, dann das Leckerchen suchen – die Hunde lieben es.

Raiko schiebt die Pappe zur Seite, um an die Beute zu kommen.

Ordnung muss sein: Nach der Eimerjagd bringt Ty die gesamte Beute zu Frauchen Claudia.

2 Das Flatterband

Bilder rechts:
1&2 Wettrennen! Tyler ist auf gutem Weg, sich den Preis zu holen!
3 Für viele Übungen dient das Flatterband als Hilfe.

Sie benötigen eine 5-Meter-Rolle rot-weißes Flatterband aus dem Baumarkt oder etwas anderes gut Sichtbares und 2 Pfähle, die Sie im Abstand von 10–20 m in den Boden rammen. Umwickeln Sie die Pfähle mit dem Band und ziehen Sie es stramm.

1. Alle Hunde springen von rechts nach links und zurück, damit sie ein Gefühl für die Höhe bekommen (bei unerfahrenen Hunden springen die Besitzer mit).
2. Alle Hunde werden hinter dem Flatterband mit SITZ geparkt.
3. Herrchen/Frauchen gehen ca. 10 m zurück, stellen sich in einer Reihe auf
4. und rufen die Hunde, die mit elegantem Sprung über das Band setzen.
5. Halt, nicht alle! Zwei Hunde sind rechts und links außen am Band vorbeigelaufen, sie kommen beim 2. Durchgang in die Mitte.

Deutliche Körpersprache zeigt Raiko, was Martina von ihm will.

Wettrennen

1. Alle Hunde sitzen neben Herrchen/Frauchen.
2. Diese steigen über das Seil und gehen ein paar Schritte.
3. Beim 2. Durchgang geht es um Zeit: Die Hunde werden gerufen und geben alles, um den ausgesetzten Preis zu gewinnen (1.–3. Preis: Freuen, Loben, Leckerchen).

Hinter dem Seil STOPP und PLATZ

1. Sind alle Hunde gekommen, springen Herrchen/Frauchen wieder über das Seil.
2. Sie rufen die Hunde zu sich und stoppen sie kurz vor dem Seil ab: STOPP und PLATZ. Durch die Begrenzung des Flatterbandes klappt das wunderbar.

Die Übungen mit dem Flatterband sind sehr vielfältig. Besonders das Antrainieren des STOPP und PLATZ oder SITZ von Weitem geht mit der optischen Begrenzung gut: Die Hunde bleiben auf gleicher Höhe und können sich aneinander orientieren (Frauchen/Herrchen natürlich auch). Ich habe genügend Stangen und kann damit einen Parcours mit HOPP (drüber) und DURCH (drunter) zaubern oder eine schmale Gasse zum Durchgehen bauen, die die Hunde allein durchqueren müssen, ohne seitlich weg zu schlüpfen.

1

2

3

3 Das Mattenspiel

Nicht jeder hat eine Gymnastikmatte zum Zerschneiden. Automatten oder Teppichfliesen gehen auch.
Die Hunde sollen sich nichts daraus machen und gelassen bleiben, wenn „plötzlich" auf der Wiese fremde Materialien liegen.

1. Die Matten liegen in kleinen Abständen hintereinander.
2. Auf der ersten Matte wird SITZ,
3. auf der nächsten PLATZ,
4. dann STEH ausgeführt.
5. Sinn der Übung ist, dass der Hund nicht „hampelt" oder die Matte überspringt, sondern (dank Ihrer guten Führung) mit allen vier Läufen auf der Matte ist (Rute darf überhängen) – machen Sie langsam!

Unsere Hunde bleiben gelassen: SITZ, PLATZ und STEH auf den Matten – kein Problem.

Im Winkel laufen

1. Die Matten werden mit ein paar Winkeln ausgelegt,
2. die mit guter Führung sauber abzulaufen sind.
3. Übertritte sind auf keinen Fall gestattet.

Die Matten dienen als Rutschbremsen bei den Kombispielen.

4 Das Reifenspiel

Sie haben in der Garage noch einen alten Hula-Hoop-Reifen hängen? Super!

1. Bei der FUSS-Runde springen alle Hunde durch den Reifen, einmal mit und einmal ohne Leine (Leine natürlich vorher loslassen).
2. Bei der nächsten Runde führen wir sie in den liegenden Ring zum SITZ.
3. Alle vier Beine müssen drin sein – 4 Punkte.
4. Rute drin: 5 Punkte (Parker, der schwanzlos gezüchtete Aussi, hat einen entscheidenden Vorteil).

Sie können zwei Reifen in beide Hände mit ein bisschen Abstand nehmen und die Hunde in elegantem Satz hindurchspringen lassen. In liegenden Reifen geht auch STEH.

Charly sieht sich zu Parker um und bekommt vier Punkte, alle Beine sind drin, die Rute nicht. Parker, der schwanzlose Aussie hat Zuchtvorteil: 5 Punkte!

5 Rohre und Tunnel

Ab über das Rohr

Bauanleitung siehe S. 64

1. Die Rohre werden hintereinander aufgestellt.
2. Die Hunde sollen langsam darübergehen. Wir achten darauf, dass sie die Beine deutlich heben, vorne und hinten – ohne dass ein Rohr umfällt.
3. Körperkoordination ist hier gefragt ...

Variation

Die Rohre werden in unregelmäßigen Abständen voneinander aufgestellt. Die Hunde müssen die Schritte anpassen, kleine Hunde ihre Hopser. Es sollte kein Rohr umfallen. Viele untrainierte Hunde gehen, wenn sie älter werden, steifbeinig neben uns her. Dies kann man leicht mit Übungen dieser Art verhindern. Im Gehirn unserer so trainierten Hunde sind die Hinterbeine „abgespeichert" und beweglich, die Verletzungsgefahr ist herabgesetzt – wie bei uns halt auch.

Der Tunnel

Bauanleitung siehe S. 65

Da ich den Tunnel sehr oft brauche, habe ich mir einen angeschafft.
1. Zuerst wird ein Leckerchen hineingeworfen, der Hund kommt rückwärts wieder heraus.
2. Das Leckerchen wird noch weiter hineingeworfen, der Hund geht rückwärts.
3. Ein Helfer wirft ein Leckerchen in den Tunnel, Herrchen/Frauchen ruft hinten. Super – Bella ist durchgelaufen!

Variation

Es ist ein Knick im Tunnel – das berühmte „Licht am Ende" ist nicht zu sehen. Laufen Sie neben dem Tunnel her und „feuern" Sie Ihren Hund an. Mit Hilfe Ihrer Stimme wird er durch den Tunnel laufen.

6 Die Wippe

Bauanleitung siehe S. 64

Zuerst legen wir die Diele auf den Boden und lassen alle Hunde einmal zum Kennenlernen darübergehen. Dann wird die Diele auf den Bock gelegt – fertig ist die Wippe.

1. Halten Sie die Diele unbedingt fest, wenn der Hund es das erste Mal wagt, hinaufzuklettern. Auf keinen Fall darf die Diele auf dem Boden aufschlagen.
2. Ist der Hund oben angekommen, lassen Sie die Diele ganz langsam herunter, damit er ein Gefühl für den Unterschied bekommt.
3. So langsam vorgehen, dass der Hund auf keinen Fall unsicher wird und herunterspringt – besser ist es, zuerst einmal nur bis zur Mitte zu gehen und kontrolliert abspringen zu lassen.
4. Der fortgeschrittene Hund geht langsam die Schräge hoch, gleicht mit den Läufen aus und geht elegant ab. Bitte langsam, konzentriert, gelassen und gemeinsam.

Variation

- Der Bock kann während der FUSS-Runde als HOPP-Hindernis genommen werden.
- Die Diele kommt noch mehrfach zum Einsatz.

Zuerst geht Zita über die Diele. Sie wagt den Aufstieg, bleibt oben und geht wieder herunter.

7 Die A-Wand

Bauanleitung siehe S. 64

Bei einer A-Wand ist nicht die Höhe entscheidend, sondern das Selbstvertrauen der Hunde, darüberzugehen.

1. Führen Sie den Hund langsam heran, lassen Sie ihn schnuppern
2. und den Gipfel erklimmen.
3. Jetzt können Sie ein Leckerchen springen lassen!

Mario führt Blacky mit deutlicher Körpersprache und ohne Leckerchen über das Hindernis.

8 Bütten und Leiter

Runde und rechteckige Bütten

Sie brauchen drei rechteckige und zwei runde Speisbütten aus dem Baumarkt.

1. Stellen Sie die rechteckigen Bütten quer: Alle Hunde hopsen drüber.
2. Die Bütten werden längs gestellt, die Hunden springen darauf (HOPP).
3. SITZ auf der ersten Bütte,
4. PLATZ auf der zweiten und
5. STEH auf der dritten Bütte. Das ist eine tolle Balanceleistung auf der kleinen Fläche.

Leitern

Bauanleitung siehe S. 64

1. Legen Sie die Leitern zuerst auf den Boden, damit die Hunde sich daran gewöhnen.
2. Lassen Sie den Hund bitte langsam darübergehen, es sollten alle Pfoten jeweils auf einer Planke sein.
3. Ungeübte Hunde treten in den Zwischenraum, ungeübte Menschen fallen vom Schwebebalken!

Kombination von rechteckigen Bütten und Leitern

1. Gehen Sie bitte langsam über die erhöhten Leitern.
2. Achten Sie auf exakte Pfotenarbeit – kein Leckerchen vor die Nase halten, das lenkt den Hund ab.
3. Nehmen Sie die Hand tief und führen Sie den Hund.

Weitere Kombinationen

A-Wand, Leitern, runde Bütten, Matten und das Wippenbrett werden zu einer schicken „Büttner'schen Kombination". Auf eine rechteckige Bütte wird das Wippenbrett schräg angelegt, dahinter geht es auf eine runde Bütte zum SITZ.

Auf allen Bildern ist zu sehen, dass bei uns nicht „drüber und draufgefüttert" wird. Man erkennt das an dem konzentrierten, auf das Hindernis gerichteten Blick des Hundes. Wir möchten nicht, dass der Hund einer hochgehaltenen Hand mit einem Leckerchen hinterherstolpert. Ganz unterlassen sollte man das Füttern, wenn alle Hunde frei sind. Wenn das Leckerchen uns vor die Füße fällt, haben wir ganz fix eine heftige Beißerei.

Zuerst lernt Tyler die Leitern am Boden kennen (oben), dann erklimmt er die A-Wand.
Weiter geht es mit Charly, der die A-Wand hinter sich hat und nun über die Leitern geht.

9 Das Springding

Bauanleitung siehe S. 65

1. Zuerst werden die Hunde an das Hindernis herangeführt und überspringen zwei Stangen. Führung ist hier wichtig: Laufen Sie mit „Schmackes" und ohne Schlenker auf das Hindernis zu.
2. Je Runde werden Stangen aufgelegt oder weggenommen, je nach Größe des Hundes.
3. Ihr Hund ist mitten hineingesprungen? Macht gar nichts, er kann sich nicht verletzen. Zoe, meine kleine Assistentin, hat mir alles immer wieder aufgebaut.
4. Der Satz über alle sechs Stangen wird angestrebt.
5. Für Fortgeschrittene: Hund sitzt hinter dem Hindernis, Sie stehen davor und rufen den Hund – er springt auf Sie zu.
6. Nicht ärgern: Viele Hunde gehen bei der Übung zuerst außen herum ...
7. Freuen: Wenn's die Hunde kapiert haben, springen sie mit Begeisterung.

Bei dieser Übung ist Vertrauen wichtig. Anfänger brechen aus, springen quer, verweigern. Wenn aber Frauchen/Herrchen schnurstracks auf das Hindernis zugeht, ohne einen Bogen zu machen, lernt der Hund schnell zu folgen. Sinn der Übung ist es, dass der Hund stets unter unserer Führung gelassen bleibt und bereit ist, Neues zu lernen.

Christine begleitet Erano über das Hindernis und lässt ihn fliegen. Mario hat Blacky hinter dem Hindernis abgesetzt und ruft ihn zu sich.

10 Pappkartons

Kartons aus dem Großmarkt dürfen nie fehlen. Wenn Sie mal Möbel zum Selbstaufbau von „Sie wissen schon" gekauft haben, überlegen Sie sich vor der Entsorgung gut, ob Sie die Kartons nicht für einen Parcours verwenden können.

Die hier gezeigten sind Tomatenkisten aus dem Großmarkt – 5 Stück.

1. Stellen Sie alle Kisten hintereinander, zuerst sollen alle Hunde einfach durchlaufen.
2. Beim nächsten Durchgang wird SITZ in jeder Kiste gemacht,
3. und im nächsten Durchgang dasselbe mit STEH.
4. In zwei Kisten liegt ein Leckerchen – das bleibt auch da!

Da wir das NEIN antrainiert haben (siehe S. 22), gehen die Hunde durch die Kartons und lassen die Leckerchen liegen. Ehe wir durch die Kartons mit den Leckerchen steigen, kommt noch ein NEIN, LASS ES aus der Regie von oben. Übrigens, die Kartons können auch umgedreht, gestapelt und für ein HOPP genommen werden.

PLATZ, SITZ und BLEIB – die Kartons können immer neu verwendet werden.

11 Die Böcke

Die Hunde gehen unter den Böcken hindurch:

Variation 1

1. Stellen Sie die Böcke quer, ziemlich dicht aneinander.
2. Die Hunde sollen durchsteigen und die Pfoten heben – langsam!
3. Vorne und hinten im Wechsel – da rauchen die grauen Zellen.

Variation 2

1. Stellen Sie die Böcke in verschiedenen Abständen hintereinander auf.
2. Und wieder heißt es: Hoch mit dem Geläuf – langsam und konzentriert!

Der klapprige Bock

Befestigen Sie an dem Querholm mit Kordel Plastikteller und -tassen in unterschiedlicher Höhe. Bierdeckel gehen auch. Die Hunde sollen sich trauen, durchzusteigen. Die Plastiktassen und -teller klappern ganz schön laut. Geschafft? Toll! Freuen – loben – Leckerchen.

Borie geht ganz mutig durch den „Klapperbock".

12 Slalom-Stangen

Ich habe mir Stangen gekauft, weil ich sie sehr oft brauche. Allerdings muss man sie in den Boden stecken können. Das ist im Winter unpraktisch. Die Papierkörbe gehen immer und überall.
Die Stangen werden in immer wechselnden Abständen in den Boden gesteckt und für Slalom-Übungen gebraucht.

Christine führt Erano durch die Stangen.

Variation 1

1. Mensch und Hund gehen gemeinsam Slalom in weitem Abstand um die Stangen.
2. Dabei wird beim Rechtsgehen ans Bein geklopft (Signal KOMM),
3. und beim Linksgehen ein bisschen mit dem Bein gedrückt (Signal GEH).

Weitere Variationen siehe unter „Eimer" (siehe S. 36 ff.)

Variation 2

1. Die Stangen werden etwas enger gesteckt,
2. bleiben Sie auf der rechten Seite und schicken Sie Ihren Hund mit GEH,
3. und bei der nächsten Stange wird er mit KOMM und leichtem Klopfen ans Bein herangeholt.

Variation 3

Gehen Sie um zwei Stangen eine Acht. Wichtig ist hierbei eine deutliche Körpersprache.

Variation 4 – die Verkehrsschildübung

1. Stecken Sie eine Stange in den Boden,
2. tun Sie so, als gingen Sie mit Ihrem angeleinten Hund links herum.
3. Kurz davor sagen Sie „PASS AUF" und schwenken nach rechts. Er sollte sich nicht um die Stangen wickeln.
4. Üben Sie das an jedem Verkehrsschild, dann bleibt Ihr Hund schön wach an Ihrer Seite.

Gute Körpersprache von Melanie: Borie läuft nicht weiter als Melanie an ihr Bein klopft, sondern folgt ihr.

13 Schwimmnudel-Mikado

Bauanleitung siehe S. 65

1. Die Schwimmnudeln werden auf den Blumentopf gelegt und kreisförmig angeordnet.
2. Nun sollen die Hunde mit Herrchen/Frauchen im Kreis laufen und unterschiedlich die Beine heben, ohne eine Schwimmnudel zu berühren.
3. Hier ist intensive „Pfotensetzarbeit" angesagt, innen höher, außen tiefer!

Alle Übungen haben damit zu tun, den Hund anzuleiten, mit uns zu arbeiten. Auf dem Platz werden fremde Materialien in immer neuen Kombinationen mit uns zusammen erkundet und voller Vertrauen umrundet. Dieses Vertrauen setzt sich im Alltag fort: Der Hund muss keine Entscheidungen treffen, sondern kann sich auf uns verlassen.

Jack mit Michaela und Charly mit Katrin setzen ihre Pfoten mit Körperbeherrschung und berühren kein Hindernis – das ist gut für Muskeln und Gelenke.

14 Tisch und Stuhl

Damit wir unsere Hunde nicht auf den Tisch heben müssen, z. B. vor der Behandlung beim Tierarzt, bringen wir ihnen bei, über einen Stuhl auf den Tisch zu steigen – das schont Ihren Rücken und den des Tierarztes.

1. Nehmen Sie einen Klapptisch und einen Stuhl mit auf die Wiese.
2. Locken Sie den Hund mit einem Leckerchen auf den Stuhl, dann auf den Tisch.
3. Halten Sie ihn fest und achten Sie unbedingt darauf, dass er nicht herunterspringt.
4. Lassen Sie jemanden „Tierarzt" spielen. Der Hund sollte sich die Zähne, Pfoten und Beine berühren lassen. Üben Sie Vertrauen!
5. Üben Sie den Weg auch rückwärts, indem Sie den Stuhl auf die andere Seite stellen.
6. Heben Sie Ihren Hund auch vom Tisch herunter. Er soll es ohne Hektik ertragen und nicht zappeln.

Diese Übung hat viel mit Vertrauen zu tun. Wenn ich den Hund beim Herunterheben noch eine Weile auf dem Arm habe (nicht über 40 kg!) und er sich fühlbar entspannt, nicht zappelt und sich mir anvertraut, hat er Urvertrauen.

Christian führt Nero über den Stuhl auf den Tisch. Ich nehme ihn behutsam. Er lässt es sich gefallen.

15 Geräte in der FUSS-Runde

Michele lässt Higgins über das Brett balancieren – er geht konzentriert und sicher.

Man kann eine FUSS-Runde auch spannend gestalten und einige Geräte in den Weg stellen. Wir können in einer Zweierreihe BEI FUSS an der Leine gehen, dann wird einzeln trainiert (Fotos S. 60/61):

1. Ein Helfer hält den Reifen, die Hunde springen durch,
2. die roten Eimer für ein zweifaches HOPP,
3. der Eimer-Turm,
4. die Pappkartons zum konzentrierten Durchlaufen,
5. das Unterteil der Wippe wird für ein HOPP benutzt,
6. die böse Dose,
7. eine Stange für die Verkehrsschildübung – Sie wissen noch: So tun, als gingen Sie links herum, ans Bein klopfen „PASS AUF“ und Rechts-Schwenk-Marsch – Ihr Hund lernt, auf Sie aufzupassen und Ihnen zu folgen.
8. Dazwischen wird FUSS gegangen und auf Abstand zum Vorderhund geachtet.
9. Die Geräte der FUSS-Runde können immer neu zusammengestellt werden.

Alle Übungen haben wir im Laufe des Buches schon kennengelernt.

5

6

7

8

Sie werden immer neu kombiniert, damit sich keine Gewöhnung einstellen kann und der Hunde-Geist schön wach bleibt.

Bauanleitungen

A-Wand

A-Wand (Aufstieg)

Einstieghilfen in Autos gibt es in Tiermärkten zu kaufen. Sie können auch an die eckigen Bütten jeweils zwei Schalbretter legen.

Verschalbrett (Abstieg)

1 Verschalbrett 50 x 150 cm

6 cm breite Bretter als Trittstufen nageln

Wippe

Sie benötigen eine drei Meter lange Diele – in der Mitte werden zwei Dachlatten quer als Führung für das Rohr genagelt.

Ein Bock wird auf ca. 45 cm gekürzt, ein stabiles Rohr mit Paketband daraufgeklebt und die Diele daraufgelegt.

Leitern

100 cm lange, 50 cm breite Holzlatten zurechtsägen,
9 cm breite Latten quer nageln,
eine Dachlatte als Abstandhalter darunter befestigen.

Rohr

Ein KG-Rohr DN/OD 125, 050 m und zwei Winkel 125/87 Grad.
Machen Sie das Gummi nass und stecken Sie die Rohre zusammen.

Springding

Sie brauchen zwei Dachlatten, jeweils 2 m lang,
vier kleine Plastikeimer,
18 Schellen und 9 Kupa-Rohre, Länge 1 m (beides in der Elektroabteilung erhältlich). Die Schellen müssen so abgeknipst werden, dass das Kupa-Rohr nicht wegrollt, aber trotzdem leicht herausspringt, wenn ein Hund die Stange berührt.

Böcke und Tunnel

Wenn Sie die Böcke längs in zwei Reihen aneinanderstellen und eine Plane drüberlegen, können Sie sich auch einen kostengünstigen Tunnel bauen.

Mikado

Drei Schwimmnudeln in der Hälfte teilen,
Teile mit einer Schnur locker zusammenbinden,
einen Plastikblumentopf (26 cm Durchmesser, 19cm hoch),
alles sternförmig drapieren.

Pappkartons

Tomatenkisten sind ideal – bitte achten Sie darauf, dass sie nciht zu hoch sind und die Hunde beim Hineinspringen nicht hektisch werden.

Die Rallye

oder so feiert man Hundegeburtstag

Das Hundefest

Halten Sie ein Seminar und gestalten Sie den praktischen Teil spannend! Laden Sie die Hundefreunde aus der Nachbarschaft zu einer Rallye ein. Für die Menschen gibt es Stehtische oder Bierzeltgarnituren, Brezel, Spundekäs, Getränke und Süßes.

Hinein ins Vergnügen – Frauchen, lass uns feiern!

Im Korb liegt ein Ball. Auf das Signal BRING holt Shadow den Ball und gibt ihn bei mir ab.

Von Station zu Station

Überall ist etwas los: Über den gesamten Platz verteilt gibt es für alle Aufgaben zu lösen, die man nach und nach erarbeitet. Ich habe die Aufgaben auf DIN A 4-Seiten geschrieben und laminiert. Wenn ich auf einer Wiese bin, stecke ich sie mit Rouladenklammern fest. Die Teilnehmer gehen von Station zu Station und lösen die Aufgaben.

Station 1 – Ball und Korb

Schwierigkeitsgrad 1

1. Sie haben einen Ball in der Hand.
2. Sie sagen zu Ihrem Hund SITZ und BLEIB
3. und werfen den Ball in den Korb, ohne dass Ihr Hund hinterher stürzt.
4. Sie gehen zum Korb und holen den Ball wieder heraus, gehen zum Hund zurück und geben ihm fürs Bleiben ein Leckerchen.

Schwierigkeitsgrad 2

– Die ersten drei Schritte wie oben.
– Sie schicken Ihren Hund zum Korb und lassen ihn den Ball holen, bringen und in Ihre Hand ablegen – Sie tauschen ihn gegen ein Leckerchen.

Schwierigkeitsgrad 3

1. Ihr Hund sitzt, Sie sagen: MACHS NACH,
2. gehen mit dem Ball zum Korb, lassen ihn kurz hineinfallen, nehmen ihn wieder heraus und gehen zum Hund zurück.
3. Sie geben ihm den Ball ins Maul, sagen MACHS NACH,
4. schicken ihn zum Korb, lassen ihn den Ball in den Korb werfen und wieder herausholen. Er kommt zurück und legt ihn in Ihre Hand.

Normalerweise sieht Shadow nicht, wo ich etwas verteckte, sonst ist es viel zu einfach – machen Sie es Ihrem Hund ruhig interessant und schwer!

Station 2 – Schatzsuche

1. Sie brauchen mehrere Innenrollen von Toilettenpapier. In die Rolle legen Sie ein Leckerchen und drücken die Enden zu.
2. Lassen Sie Ihren Hund sitzen und verstecken Sie die Papprolle.
3. Nun darf das erste Team suchen und nimmt eine neue Rolle mit. Der Hund darf die Papprolle (mit Begeisterung) zerkauen und das Leckerchen fressen.
4. Das Team versteckt für das nächste eine Rolle auf dem Platz. Dann suchen die nächsten.
5. Vorsicht: Es dürfen sich hier keine Hunde zu nahe kommen, es könnte Streit geben! Warum? Diese Übung ist Jagd pur: Gemeinsame Suche nach Beute, finden, zerlegen, fressen – hier werden keine Konkurrenten geduldet.

Hunde denken körperwirtschaftlich: Sie würden nie spazieren gehen, um sich das mühsam aus dem Napf „erjagte" Futter wieder abzutrainieren. Deshalb sind Jagd = Suchspiele so wichtig für unser gemeinsames Verhältnis.

Station 3 – Ausgraben

Sie brauchen eine alte Tischdecke, in die Sie ein Leckerchen wickeln. Ihr Hund soll die Tischdecke knuddeln und schütteln, um an das Leckerchen zu kommen. Ich höre Ihre Angst um Ihre Damast-Tischdecken, die Bello zu Hause durchschüttelt – womöglich mit Geschirr darauf: Keine Angst, das passiert nicht, weil diese kaum nach Hundekuchen riechen!

Station 4 – Dynamisches Springen über drei Eimer

Lassen Sie Ihren Hund hin- und herspringen, mit ganz deutlicher Körpersprache.

Station 5 – Übungen mit den Pappkartons

– Durchlaufen
– SITZ
– PLATZ

Station 6 – Leckerchen fangen

1. Ihr Hund sitzt.
2. Zuerst halten Sie das Leckerchen in der Hand, dann führen Sie es langsam (!) nach links und rechts. Ihr Hund soll ihm mit seinen Augen folgen (Koordinationsübung).
3. Der Hund bleibt sitzen. Sie treten zwei Schritte zurück und üben FANG, indem Sie dem Hund das Leckerchen zuwerfen. Das geht am besten, wenn er dem Leckerchen mit den Augen folgt.

Im Hintergrund gräbt Erano seinen Schatz aus, im Vordergrund springt Steffi mit Lucky hin und her, Cordula lässt Laura in einem Karton sitzen.

Hanne mit Erwin balancieren über das Hindernis, das nicht nur für Hunde spannend ist.

Station 7 – eine Acht durch die Beine laufen

Sie stehen mit gegrätschten Beinen und führen den Hund links und rechts um Ihre Beine herum.

Station 8 – Kombination

Diese Kombination aus Eimern, Leiter und Brett (Foto) ist nicht nur für Hunde spannend.

Station 9 – Springding

Hier geht es drunter und drüber!

Station 10 – das Büffet

Gehen Sie BEI FUSS dorthin und stärken Sie sich. Wenn alle Hunde die Nähe der anderen dulden, haben Sie einen großen Schritt in die Gelassenheitsrichtung geschafft. Ich gratuliere Ihnen und sage ein herzliches „Prost".

Diese Rallye kann Spaß machen. Der Spaß kann aber auch aufhören, wenn Sie Punkte und Preise vergeben ...
Sie können natürlich auch jede andere Übung aus diesem Buch in die Rallye übernehmen. Was Sie nicht machen sollten, ist nichts machen und die Hunde sich selbst überlassen, das wäre schade ...
Überall auf dem Platz war Gewusel, viele Stimmen und ca. 30 Hunde ohne Leine, die sich zum Teil noch nie gesehen hatten. Alles blieb friedlich, jeder hatte mit Frauchen und Herrchen spannende Dinge auszuprobieren. Nicht im Bild sind Tunnel, Wippe, jede Menge Hundespaß mit Freilauf und Abrufen, Im-Kreis-Gehen, Hundebegegnungen an der Leine und heiteren Schwätzchen am Rande.

Jutta ruft erst Arusha, dann Chip auf zum Leckerchen-Fangen – so kann es nie Streit geben.

Amy lernt mit Katrin „darüber-fliegen" – Lucky mit Steffi zeigt darunter und eine Acht durch die Beine – das gibt Punkte!

Welpenspielstunden – aber richtig

> 74

Die Hundeschule

Training planen und Erziehungsfragen

Der Übungsplan
> 76

Grundkurs Benehmen
> 77

Welpenspielstunden – aber richtig

Der Nabel der Welt

Ich sehe Hunde als vollwertige, schützenswerte Familienmitglieder an, die Zuwendung und Erziehung durch Spielen brauchen. Beim Welpen muss man wissen, dass die ersten vier Monate für das Leben des Hundes entscheidende Signale setzen. Hier erfolgt das Kennenlernen des Menschen als sein Sozialpartner, alle Gerüche in der Familie, Korb, Fressenszeiten, Spiel und Ruhe.

Lassen Sie Ihren Welpen in Ruhe bei sich ankommen, schicken Sie ihn nicht von sich fort und lassen Sie ihn nicht unkontrolliert mit anderen Hunden spielen. Der kleine Hundekörper ist noch sehr empfindlich. Ab vier Monaten ist schon viel mehr möglich. Beschützen Sie Ihren Hund in den ersten vier Monaten. Suchen Sie kontrollierte Kontakte mit erzogenen Hunden. Bitte lassen Sie niemals im gesamten Hundeleben Ihren Hund unkontrolliert auf einen anderen Hund zulaufen, in der irrigen Annahme, dass „Hunde es schon selbst regeln"! Weder gibt es „Welpenschutz", noch folgt ein Welpe „automatisch".

Emma ist auf dem Arm von Claudia sicher und kann einen ersten Kontakt mit Ty und Lotte aufnehmen.

Schutz durch den Menschen

Bei mir läuft es so: Ich berate die Menschen in den ersten vier Monaten, dass sie mit ihren Hunden viel spielen, zum Nabel der Welt werden und ihm auf dem Arm die Welt zeigen (Busse, Bahnen, Verkehr, Stadt, alle Menschen der Familie, fremde Hunde – aber immer betreut). Zur Freude aller, geht der Baby-Hund von Arm zu Arm und merkt, dass jeder Mensch ganz nett ist, obwohl er immer anders riecht. Die großen Hunde darf er sich erst einmal in Ruhe von oben anschauen. Er lernt: Mir passiert nichts, die Menschen passen auf mich auf. Wenn ein Welpe im zarten Alter gebissen wird, kann das ein Trauma fürs Leben bedeuten: „Herrchen/Frauchen hat mich allein gelassen und nicht beschützt, und obwohl Herrchen/Frauchen dabei ist, hat es höllisch weh getan." Diese Schuld sollten wir nicht auf uns laden. Bei mir lernt man: „Ich muss nur Herrchen/Frauchen anschauen, die wissen immer was zu tun ist und beschützen mich."

Ab auf die Hundewiese

Wenn der Hund rund vier Monate ist, kann er auf die Hundewiese. Kein Hund ist „asozial", aber er weiß, wer Herrchen/Frauchen ist und kommt wie die „Alten" auf Zuruf, nähert sich Althunden mit Abstand und Respekt. Mit 5 Monaten kommt er zuverlässig, kann SITZ, PLATZ und BLEIB und ist geistig gefördert. Er bellt keine Hunde an und verlässt sich auf Herrchen/Frauchen. Auf die Welpen-Spielstunden-Hunde, die zu mir kommen, muss ich etwas aufpassen, weil sie meist nicht in der Lage sind, sich älteren Hunden angemessen hündisch zu nähern. Sie fangen sich eine strenge Ermahnung ein. Aber das ist schnell gelernt, wenn viele tolerante Hunde auf dem Platz sind – nur das Kommen ist anfangs ein Problem, weil man ja früher immer zu anderen Hunden geschickt wurde.

Info

Sicherheit geben

Schicken Sie Ihren Hund am Anfang nicht von sich weg. Beschützen Sie ihn und erklären Sie ihm die Welt! Zuerst machen wir unsere Kinder stabil , dann schicken wir sie in den Kindergarten.

Bis zum 4. Monat lernt der Welpe fürs Leben – am besten nur Gutes.

Der Übungsplan

Ich habe mir alle Übungen auf Karteikarten geschrieben. So kann ich alle Aufgaben mischen und immer neu zusammenstellen. Jeden Samstag mache ich mir Notizen, wie ich etwas gemacht habe und wie es geklappt hat. Mit der Zeit hat sich eine Kartei mit vielen schönen Spielen angesammelt.

Wichtig

Toberunde

Nach jedem Denkspiel kommt eine kurze Toberunde, die gegen Ende der Stunde immer ruhiger ausfällt. Die meisten Hunde bleiben sitzen, schauen Herrchen/Frauchen an und warten, ob noch was Schönes kommt.

Aufbau einer Trainingsstunde

1. Zuerst gibt es immer eine Toberunde.
- Abrufen mit Ritual: SITZ, Leine ab, BLEIB, VORAN.
- Aus dem Spiel wird mindestens einmal abgerufen, wenn alle gleich da sind, erhalten die Hunde ein Leckerchen und werden noch einmal VORAN geschickt, weil Kommen schön und nahrhaft sein soll.
- Sollte ein verspäteter Hund dazukommen, wartet er die Übung im SITZ und an der Leine ab. Dann dürfen alle Hunde noch einmal kurz laufen, um jede Aggression zu vermeiden.

2. Ich begrüße alle Teilnehmer oder sie begrüßen sich untereinander.
3. Wir gehen eine Runde FUSS.
- Auf der Runde wird entweder im Wechsel:
- KEHRT – weitergehen,
- SITZ – weitergehen,
- PLATZ – weitergehen,
- ein Hund weiter, zwei Hunde weiter gespielt.
- Wenn alle Hunde ruhig gehen, werden sie im Laufen – ohne SITZ – von der Leine gelassen. Sofort klopfen wir ans Bein und gehen BEI FUSS weiter.
- Bei den Lehrlingen lassen wir die Leine fallen. Sie schleift als „Gewissen" mit. Will der Hund weglaufen, können wir die Leine noch schnell greifen.

4. Bei der FUSS-Runde baue ich auch das eine oder andere Gerät ein (siehe S. 59).
- Wir gehen an die Geräte, die immer wieder neu zusammengestellt werden.
- Dann gibt es entweder eine Übung im Kreis oder in einer Reihe.

Grundkurs Benehmen

Zum Abschluss möchte ich noch auf Erziehung und Rituale eingehen, die auf meinem Übungsplatz und auf jedem täglichen Spaziergang gebraucht werden.
Auf meiner Hundewiese ist bei allen Übungen die sogenannte Unterordnung (FUSS, SITZ, PLATZ usw.) in Spiele verpackt.
In Einzelstunden trainiere ich die Menschen. Sie lernen ihre Hunde zu lesen, ihr Verhalten zu verstehen und ihre Bedürfnisse zu erfüllen. Geistiges Training ist dabei Trumph.

Immer wieder dasselbe – Rituale

Lassen Sie sich bitte nicht dazu verführen, ein Problem einzeln behandeln zu wollen, und glauben Sie nicht an Hau-Ruck-Verfahren. Hunde brauchen jede Menge Rituale, das macht sie sicher und gelassen. Sie brauchen Abstand und Nähe in ausgewogenem Maß. Wenn Sie Ihren Hund verwöhnen und ihm keine Grenzen setzen, ist das genauso Tierquälerei wie Vernachlässigung. Wir sollten die Zeit des täglichen Spaziergangs nutzen, um zu spielen und um mit unseren Hunden auf die „gemeinsame Jagd" zu gehen, um Feld, Wald, Wiese zu erobern. Für Sie und Ihren Hund ist es auch wichtig, die richtige Mensch-Hunde-Schule zu besuchen. Möchten Sie einen Familienhund, ist eine Schule für Sie richtig, die in erster Linie geistiges Training, friedliche Kontakte und positive Arbeit mit anderen Hunden, hundliche Etikette und dann erst Unterordnung lehrt. Übungen müssen, so wie bei uns das Autofahren, in Fleisch und Blut übergehen. Dann können wir uns anderen Aufgaben widmen. Das ist wie bei Kindern: Wenn sie um ihre Sicherheit fürchten, treten Schlafstörungen und auffälliges Verhalten auf. Unruhe in der Familie, auch eine Baustelle vor dem Haus, können z. B. bei Hunden zu vorübergehender Stubenunreinheit führen. In meinem Training gibt es jede Menge Rituale: SITZ, BLEIB, Leine ab und VORAN – immer und ohne Ausnahme. Warum? Weil ich dann immer noch eine Chance habe, meinen Hund bei mir zu halten oder schnell zurückzurufen, wenn Gefahr droht, aber vor allem, um ihm Verhaltensgewissheit und Erziehungssicherheit – kurz Gelassenheit – zu vermitteln.

Chip zieht Jutta (noch) über die Wiese – nachdem sie ihren Führungsanspruch angemeldet hat, sieht es so aus – Chip geht hinter ihren Füßen an lockerer Leine. Natürlich ist ein Leinenruck streng verboten!

Ich will hier schnüffeln – Leinenzieher

Zuerst fragen wir uns, warum der Hund von uns wegzieht, woanders hin will als wir, und lieber fast erstickt, als bei uns zu bleiben.
Wir sind für unseren Hund langweilig, keine Jagdpartner, keine überlegenen Chefs, keine Spielkameraden. Wenn ich mit meinem Hund draußen bin, sind wir gemeinsam auf der Jagd, die Stunde gehört ihm. Termine und Sorgen warten im Auto und werden nicht mitgenommen. Es gibt unzählige Arten, dem Hund das Ziehen abzugewöhnen. Probieren Sie es einmal so: Wenn ein neuer Zerrhund zu mir kommt, nehme ich ihn wortlos (er hat mit dem Signal FUSS sowieso nichts am Fell) an die Leine und halte ihn hinter meinen Füßen. Ab jetzt treffe ich alle Entscheidungen. Das heißt, sobald er meine Führung anerkennt, bekommt er auch wieder mehr Freiheit.
Es dauert oft nur 10 Minuten, in denen der Hund lernt: „Wau, ein starker Chef, endlich darf ich Hund sein", und er entspannt sich. Beim Hund geht das sehr schnell. Leider zuerst einmal nur bei mir. Nun geht es an die Körpersprache und -arbeit von Herrchen/Frauchen: „Die Leine annehmen, Arme locker lassen, Schultern runter, Brust raus, gerade gehen, Blick nach vorne, Leine nicht wickeln", es ist ein langer, aber sehr wirkungsvoller Prozess. Das zeige ich nur in der Einzelstunde, weil man erst seine Körpersprache trainieren muss. Können wir das, versteht uns auch der Hund. Mütter nehmen ihre

Kinder dicht neben sich an die Hand, um sie vor Gefahr zu beschützen. Das Kind hampelt nicht nach hinten und vorn.
Auf keinen Fall dürfen Sie schwach werden. Wenn Ihr Arm nach vorne geht, haben Sie verloren. Der Hund fängt sofort an zu schnuppern und kreuzt vor Ihren Füßen ...

Hallo hier bin ich – Anspringen

Viele Hunde springen ihre Besitzer und Fremde an. Wegdrehen und Nein-Sagen waren bisher erfolglos. Luzy kommt mit ungebremster Geschwindigkeit angesaust und springt Frauchen an.
Wenn sie zum Anspringen ansetzt, geht Petra einen beherzten Schritt auf sie zu – auf keinen Fall hebt sie das Knie –, Luzy muss abbremsen und zur Seite gehen. Ich nenne das den „Chefsprung". Sie gehen Ihrem Chef auch aus dem Weg und rennen ihn nicht über den Haufen, oder? Alle Familienmitglieder, die sich an diese Regel halten, werden nicht mehr angesprungen.

Wichtig

Neues trainieren

Bei mir gibt es die „50-cm-Regel": Alles, was wir neu lernen, z. B. SITZ, PLATZ, FUSS, STEH zeigen wir dem Hund ganz aus der Nähe.
Wir zeigen es mit übertriebener Körpersprache und sparsamsten Worten.

Petra macht einen beherzten Schritt auf die anspringende Luzy zu, sie setzt sich und wird gelobt – Anspringen ist vorbei.

Hintern auf den Boden – SITZ

Muss mein Hund überhaupt SITZ können, damit ich die Übungen machen kann? Das ist eine Gewissensfrage. Wenn ich das Alphabet lerne und überspringe das ABC, werden mir diese Buchstaben bei der weiteren Ausbildung immer fehlen. Deshalb lasse ich, ehe ich eine Übung beginne, meinen Hund sitzen.

- Nehmen wir an, Ihr Hund hat noch nie etwas von SITZ gehört.
- Warten Sie auf eine Gelegenheit, wenn er auf Sie zukommt.
- Wedeln Sie mit der Hand – er schaut Sie an.
- Der Hund bremst auf dem Weg zu Ihnen – leichte Körperkippung und Hand ganz nach oben.
- Der Hund schaut der Hand nach – und wupps, sitzt er und erhält das Leckerchen.

SITZ im Gehen

Deutlicher und klarer als Jutta kann man es seinem Hund nicht zeigen! Beide sind aufmerksam und verstehen die Geste sofort.

- Ihr Hund ist neben Ihnen an der linken Seite.
- Sie heben Ihre rechte Hand und führen Sie weit nach links, damit stoppen Sie den Hund ab und sagen dabei SITZ.
- Das deutliche Signal stoppt ihn ab, die erhobene Hand lässt ihn leichter das SITZ verstehen.

Ein kleiner Ausflug

Die meisten Menschen suchen sich ihren Hund nach Schönheit aus, dies ist für ihn fatal, weil sie sich weder nach seinem Beruf, für den er gezüchtet wurde, noch nach seinen Bedürfnissen erkundigt haben. Viele Menschen weigern sich, mit ihrem Hund zu arbeiten. Die tiefste Stufe der Kommunikation ist das „Gassi-Gehen" an der Ausziehleine ohne Ansprache. Der Mensch befasst sich im Wald mit denselben Gedanken wie zu Hause. Der Hund verkümmert, entwickelt Auffälligkeiten, wird krank. Kommen Menschen zu mir mit der Aussage: „Mein Hund macht dies und das nicht..." versuche ich diese Denkweise umzudrehen: „Bis heute habe ich noch keinen Weg gefunden, meinem Hund zu zeigen, was ich meine, wenn er nicht ziehen soll." Nun beginnt der Mensch sich Gedanken zu machen: Wo sind die Grenzen meines Hundes, wann und wie kann ich fördern und fordern, wann braucht er seine Ruhe? Er dankt es mit Gesundheit, zufriedenem Alleinbleiben und Gelassenheit gegenüber anderen Hunden. Mit der Reihenfolge „Geistiges Training und Bewegung, bei der der Adrenalinspiegel unten bleibt", habe ich gute Erfahrungen gemacht.

Da bleib ich liegen – PLATZ

PLATZ versucht man am Anfang am besten auf einem Holzstoß – damit schonen wir unser Kreuz.
„Das geht nicht", sagen Sie, „er steht immer auf, das kriege ich nicht hin!" Dann warten Sie den Augenblick zu Hause ab, in dem der Hund sich hinlegen will. Diesen Augenblick belohnen Sie mit einem Leckerchen und sagen dazu: „So ist brav PLATZ!" Wenn er auf seinen Platz geht und sich legen will, gehen Sie mit einem Leckerchen hin und machen die Übung wie oben, sie „verstärken" das, was Sie von ihm wollen. Dann probieren Sie es wieder am Holzstoß oder auf einer Bank. Es ist alles eine Frage der Zeit und der Geduld.

Jutta zieht Arusha vor dem Brustkorb ins PLATZ herunter – beide Hunde können PLATZ auf Handzeichen.

Sammy wird von Claudia ein bisschen am Bauch gekrabbelt und steht.

Alle Viere auf dem Boden – STEH

1. Ihr Hund sitzt.
2. Sie nehmen ein Leckerchen in die rechte Hand und ziehen es vor dem Hund ein bisschen nach vorne.
3. Dabei machen Sie einen Viertelschritt nach vorne.
4. Stützen Sie mit der linken Hand den Bauch Ihres Hundes.

Was könnten Sie erreichen?

Ihr Hund macht auf Ihre Bitte hin bei Schmuddelwetter an der Straße STEH und setzt sich mit seiner Rute nicht in die Pfütze. Im Training trainieren wir STEH auf den Bütten und Brettern.

Bin schon da – HIER

HIER trainieren wir zuerst an der 5-Meter-Leine im Einzeltraining: Kommen muss schön sein – es gibt sogar ein Stückchen Käse. Rufen Sie Ihren Hund auf dem Hinweg immer mal wieder und vor allem ohne Grund. Sie werden sehen, dass er immer freudiger zu Ihnen kommt – denn Rufen ist geistiges Training: Sie zeigen an ihm Interesse!
Die wichtigste Regel beim Rufen ist: Gehen Sie nie auf den Hund zu, sonst dreht er garantiert noch eine Runde – Sie kommen ja nach! Gehen Sie rückwärts mit dem Gesicht zum Hund.

Was können Sie erreichen?

Ihr Hund lässt Sie nicht mehr aus den Augen! Mehr geht nicht!
Im Training macht Ihr Hund auf der Pfote kehrt und kommt nach allen Übungen oder aus dem Spiel freudig zu Ihnen. In jeder Stunde werden die Hunde mehrmals abgerufen, kommen gleich und dürfen wieder spielen gehen.

Nerve ich ihn denn nicht, wenn ich ihn dauernd rufe?

Es ist besser, Sie nerven den Hund als er Sie. Sie nerven ihn, wenn Sie ihn nie in Ruhe spielen lassen und mitten im schönsten Rennspiel rufen. Rufen Sie ihn anfangs nur, wenn er auf dem Weg zu Ihnen ist, dann blamieren Sie sich nicht und können ihn loben. Schreien hat keinen Zweck – gehen Sie lieber in die andere Richtung. Der Hund nimmt Ihre Bewegung wahr und kommt hinter Ihnen her.

Warum sollten Sie Ihren Hund oft rufen?

Ein wenig gerufener Hund wird immer stehen bleiben, schauen, warum Sie so hektisch rufen: „Aha, da ist Nachbars Lumpi, dem ich schon lange wieder eine auf die Schnauze geben wollte" – und ist erst einmal weg. HIER heißt: Auf-der-Pfote-kehrt-Machen – ohne Bedingung. Wir können abschätzen, wo für den Hund Gefahr droht, er nicht. Wenn wir das HIER/KOMMEN nicht antrainiert haben, läuft unser Hund zu anderen Hunden und wird vielleicht gebissen. Wenn er nicht kommt und erst einmal zu Ende frißt, was er gefunden hat, müssen wir wegen Magen- und Darmstörungen zum Tierarzt. Was ich am meisten fürchte ist, dass diese unerzogenen Hunde samt ihren Besitzern dafür sorgen könnten, dass eines Tages Leinenzwang eingeführt wird – eine grauenhafte Aussicht.

Luzy lernt das HIER mit freundlicher Unterstützung von Petra und 5-Meter-Leine.

Wichtig

Die 5-Sekunden-Regel

Wir haben 0,5 Sekunden, um etwas zu bestärken. Zu Anfang kann der Hund immer nur seine letzte Handlung mit unserem Lob verknüpfen, deshalb bekommt er noch auf dem Hindernis in der letzten Phase seine Belohnung. Alte Arbeitshunde-Hasen" führen die Übung durch und holen sich dann ihre Belohnung – obwohl schon die Beschäftigung mit uns Belohnung ist!

Der Lohn für die Übung – Leckerchen

Niemand von uns arbeitet gern ohne Gehalt, es macht einfach keinen Spaß. Natürlich soll unser Hund belohnt werden, aber richtig.

1. Ich führe ihn an das Hindernis heran und lasse ihn schnuppern.
2. Wenn Bello bockt, zeige ich ihm den „Preis" – das Leckerchen.
3. Wenn er sich dem Hindernis nähert, muss das Leckerchen weg, sonst stolpert er ihm hinterher und lernt nichts.
4. Ich „parfümiere" meine Hand mit dem Leckerchen und zeige ihm den Weg – meine Hand bewegt sich eng am Hindernis.
5. Er soll konzentriert und langsam darübergehen – je langsamer desto besser.
6. Hat er es geschafft, bekommt er es sofort für diese Übung – nicht erst nach einem SITZ.

Was haben Sie davon?

Wenn der Hund gelernt hat, dass man von Ihnen lernen kann, wird er Sie als Belohnung empfinden: Sie spielen und trainieren mit ihm. Sie brauchen bald keine Leckerchen mehr, weil Ihr Hund Sie nicht mehr aus den Augen lässt.

Auf die andere Seite – der Handwechsel

Grundsätzlich gilt: Auch wenn Ihr Hund nix macht und „nur spielen will", ist Ihr Körper bei allen Begegnungen zwischen dem Ereignis und Ihrem Hund. Und Ihr Hund geht hinter Ihren Füßen BEI FUSS. Gehen Sie zügig an der Person oder anderen Hunden vorbei.

Jutta sieht den Jogger kommen und nimmt Chip auf die andere Seite. Der Jogger hat die Geste verstanden und bedankt sich.

Lass das liegen – NEIN

Wenn das NEIN gut antrainiert ist, brauchen wir „PFUI“ und „GENERALPFUI“ nicht.
NEIN bedeutet: Der Hund „gefriert“ sofort bei dem, was er tut, d. h. wenn ich sehe, dass er auf dem Weg zu einem „Snack“ ist, sage ich ein scharfes NEIN, er stoppt und kommt sofort zurück.

PFUI bedeutet: Er hat das NEIN noch nicht verinnerlicht und hat den ersten Apfel verspeist, inzwischen sind Sie ebenfalls an der Imbiss-Station und verjagen ihn: NEIN-PFUI. Natürlich kaut er runter und leckt sich die Schnauze. Sie müssen ihn anleinen und wegziehen, damit Sie weiterkommen.

GENERALPFUI bedeutet: Ihr Hund hört weder auf das NEIN, noch PFUI noch auf das HIER, ist viel zu weit von Ihnen weg und hat, bis Sie da sind, den gesamten Haufen verputzt. Später würgt er alles auf Ihrem besten Teppich wieder aus.

Buddy geht mit Annelie an der „bösen Dose“ mit Käse und Leberwurst an lockerer Leine vorbei – ein sehnsuchtsvoller Blick ist erlaubt.

Gehen wir es an – das Training

- Sie sehen von weitem einen dampfenden Pferdeapfelhaufen.
- Sie leinen sofort Ihren Hund an und gehen – Hund links/Haufen rechts (Ihr Körper ist dazwischen!) – daran vorbei: NEIN!
- Ihr Hund zieht hin, Sie gehen weiter: NEIN.
- Kehrtwendung – zurück zum Haufen, 5 m davor sagen Sie NEIN und gehen vorbei.
- Sie haben Zeit: Sie gehen, wenn es sein muss, 20 Mal vorbei, bis der Hund „Ihren“ Haufen zwar ansieht, aber daran vorbeigeht.
- Freuen Sie sich auf den nächsten Pferdeapfelhaufen – üben Sie so lange, bis Sie ohne Leine daran vorbeikommen.
- Später wird Ihr Hund wissen, dass alle Pferdeapfelhaufen sowieso Ihnen gehören, und daran vorbeigehen.

Was haben Sie davon?

Mindestens behalten Sie einen gesunden Hund, der nicht jeden Dreck frisst. Im Training kann der Hund von der „Bösen Dose“ abgerufen werden. Das gut antrainierte NEIN hilft auch, wenn der Hund von der Couch bleiben soll: Klopfen Sie energisch auf die Couch (!) und sagen Sie NEIN (MEINS). Wenn er sich danach auf seinen Platz trollt, ist das kein schlechtes Zeichen.

Nichts verstanden – NEE NEE

„NEE-NEE“ – Stimme oben ansetzen, dann eins tiefer – zärtlich geflötet! Dieses NEE-NEE verwende ich immer, wenn ich mit Shadow etwas spiele und er es noch nicht versteht. Das hat den Vorteil, dass er nicht frustriert ist, „gefriert“, alles aus dem Maul fallen lässt und weiter mitspielt.
Kontrollieren Sie Ihre NEINS, meine Erfahrung ist, dass man sie viel zu oft sagt, geben Sie sich grundsätzlich die Schuld: Sie haben schlecht erklärt – basta!
Verwenden Sie beim Spielen, Springen üben, Suchen gar keine NEINS, sondern ein melodisches NEE-NEE!

Auf der Stelle kehrt – die Kehrtwendung

– Der Hund geht an Ihrer linken Seite, Sie haben die Leine in der linken und in der rechten Hand.
– Lassen Sie die Leine an der linken Hand los und sagen Sie ein langes „FUUUUSS“.
– Drehen Sie zum Hund gewandt eine Pirouette um die linke Schulter
– und übernehmen Sie die Leine hinter Ihrem Körper mit Ihrer linken Hand – der Hund sollte nun wieder links gehen.

Drehung zum Hund – Leine hinter dem Rücken übergeben – Shadow ist wieder links.

SITZ und BLEIB

– Ihr Hund sitzt vor Ihnen,
– Sie klemmen sich ein Leckerchen zwischen Zeige- und Mittelfinger
– gehen einen Schritt zurück, behalten diese Hand aber immer oben.
– Sie gehen zum Hund zurück und geben ihm das Leckerchen.
– Loben Sie ihn – So ist brav, BLEIB – wenn er Ihnen nicht gefolgt ist.
– Ist er Ihnen nachgekommen, waren Sie zu weit weg und für den Anfang zu langsam mit der Belohnung.

Claudia bringt Sammy erst in der Nähe die Übung bei. Wenn er Sie verstanden hat, ist die Entfernung kein Problem mehr.

Bring es zu mir – SUCH SCHÖN

Der Hund darf grundsätzlich nur etwas vom Boden aufnehmen, wenn Sie SUCH SCHÖN gesagt haben. Sonst ist alles tabu, was am Boden liegt.
– Zuerst werfen Sie das Leckerchen ganz in die Nähe, damit der Hund es mit den Augen verfolgen kann.
– Da ihm diese Suche viel Spaß macht, kann man das Leckerchen bald weiter wegwerfen.
– Sie können es nach hinten und nach vorn werfen,
– es im Laub verstecken ... Ihrer Phantasie sind keine Grenzen gesetzt.

Was haben Sie davon?

Der Hund weiß, dass er nur etwas vom Boden aufnehmen darf, das Sie freigegeben haben. Sie kontrollieren die Jagd! Ihr Hund lässt Sie bald nicht mehr aus den Augen.

Danke
> 90

Zum Weiterlesen
> 92

Nützliche Adressen
> 93

Über die Autorin
> 94

Service

Register
> 95

Impressum
> 96

Danke

Ich danke **Hans Werwatz**, dem es wieder meisterhaft gelungen ist, den Spaß, die Freude und vor allem die Harmonie bei der gemeinsamen Arbeit zwischen Mensch und Hund perfekt im Bild einzufangen.

Daniela Bruse danke ich für die positive kritisch-inspirierende Zusammenarbeit. Sie hat mir gezeigt, wie man Gedanken Struktur und Folgerichtigkeit gibt.

Meinem Mann **Norbert** danke ich dafür, dass ich meine Ideen umsetzen kann, indem er wieder mehr bei der Hausarbeit eingestiegen ist. Nichts von alledem wäre ohne ihn möglich.

Und nicht zuletzt bezeuge ich **Shadow** meinen Respekt und Dank, der mich angeregt hat, Spiele zu erfinden und zu entwickeln, die Mensch und Hund ein Stückchen näher zueinander bringen.

Mit diesen fröhlichen Team-Fotos möchte ich mich bei allen Menschen und Hunden bedanken, die mit viel Geduld dafür gesorgt haben, dass das Buch in dieser Form entstehen konnte.

Service

Zum Weiterklicken

Mehr über Shadow erfahren Sie unter
www.wpm-media.com

Berichte über das Training
von Inge Büttner-Vogt:
www.kynos-Stiftung.de

Zum Weiterlesen

DVD
Spiel & Spaß mit Hund (die DVD zum 1. Buch)
120 Minuten sinnvolle Beschäftigung mit Hunden

Bücher aus dem Kosmos-Verlag

Bloch, Günther & Elli H. Radinger: **Wölfisch für Hundehalter**. Von Alpha, Dominanz und anderen populären Irrtümern

Büttner-Vogt, Inge: **Spiel & Spaß mit Hund**. Beschäftigungsideen für zu Hause und unterwegs

Deopp, Simone & Gabriele Metz: **Trick Dogs**. Coole Kunststücke für pfiffige Hunde

Gansloßer, Udo & Petra Krivy: **Verhaltensbiologie für Hundehalter – das Praxisbuch**

Grewe, Michael & Inez Meyer: **Hunde brauchen klare Grenzen**. Gesetze einer Freundschaft

Grunow, Alexandra & Rovena Langkau: **Mantrailing**. Mit Basic-, Sport- und Theratrailing

Handelman, Barbara: **Hundeverhalten**. Mit über 800 ausdrucksstarken Fotos.

Käufer, Mechthild: **Spielverhalten bei Hunden**. Spielformen und -typen

Metz, Gabriele & Ramona Teschner: **Body Talk**. Körpersprache für Hundehalter

Schöning, Barbara: **Hundeverhalten**. Verhalten verstehen, Körpersprache deuten

Schöning, Barbara: **Hundeprobleme**. Erkennen, verstehen und lösen

Tellington-Jones, Linda: **Tellington-Training für Hunde** (Buch und DVD)

Nützliche Adressen

Berufsverband zertifizierter Hundeschulen e.V.
1. Vorsitzende: Corina Fundel
Jagdstraße 18
90768 Fürth
Tel.: 0911 780 88 28
info@bvz-hundeschulen.de
www.bvz-hundeschulen.de

Verband für das Deutsche Hundewesen (VDH)
Westfalendamm 174
D – 44041 Dortmund
Tel.: 0231 56 50 00
Fax: 0231 59 24 40
Info@vdh.de
www.vdh.de

Österreichischer Kynologenverband (ÖKV)
Siegfried-Marcus-Str. 7
A – 2362 Biedermannsdorf
Tel.: 043 (0) 22 36 710 667
Fax: 043 (0) 22 36 710 667 30
office@oekv.at
www.oekv.at

Schweizerische Kynologische Gesellschaft (SKG)
Länggassstr. 8
CH – 3001 Bern
Tel.: 031 306 62 62
Fax: 031 306 62 60
skg@hundeweb.org
www.hundeweb.org

Deutscher Hundesportverband e.V. (dhv)
Ennertsweg 51
D-58675 Hemer
Tel.: 02372 55 59 80
info@dhv-hundesport.de
www.dhv-hundesport.de

Über die Autorin

Als Stadtkind aufgewachsen, fesselten Inge Büttner-Vogt die Themen Hund und Natur seit ihrer Kindheit. Angefangen hat es mit Nachbarhunden, die sie ausgeführt hat. Sie half auf einem Hundeplatz und lernte dort die Airedale-Züchterin Friedel Michaelis kennen, deren Hunde sie ausbildete und die sie bei der Welpenaufzucht unterstützte. Als Friedel Michaelis schwer erkrankte, setzte sie Inge Büttner-Vogt als Erbin ihrer sechs Airedale-Terrier ein. Mit Hilfe eines pensionierten Forstamtsrates brachte sie diese Hunde auf den rechten Weg, und sie wurden alle gute Familienhunde. Diese Arbeit setzte sie fort, bildete sich in zahlreichen Seminaren weiter, warf mehrfach alles Gelernte über Bord und entwickelt ihre eigene Erziehungsmethode. Geistige Beschäftigung, eigener Spieltrieb, Respekt und viel Bewegung hilft Probleme zu vermeiden.

Register

Ablenkung 28
Abrufen, Hund 17
Anspringen 79
Ausgraben 69
A-Wand 50

Balancieren 9
Bauanleitung 62 f.
Befindlichkeitssignale 7
Begrüßung 14
Benehmen, gutes 77
Beschäftigung 5
Beschwichtigungssignale 7
BLEIB 30
Böcke 54
Bütten 50

Darüber steigen, Hund 21
Der Turm 38
Die „böse" Dose" 24

Eimerjagd 41
Einzeltraining 8

Flatterband 44
FUSS-Runde 16, 59

Gasse 33
GEH 36
Gooo 39

Handwechsel 17, 84
HIER 82
Hundebegegnungen 25
Hundefest 66
Hundewettrennen 28
Hundewiese 75

Kehrtwendung 17, 86
KOMM 36
Korbball 67
Körpergefühl 9

Leckerchen 9, 69, 84
Leine, mentale 5
Leinenzieher 78
Leiter 51

Mattenspiel 46
Mikado 56

Namen 30
NEIN 22, 85

Oxytocin 5

Pappkartons 53
PLATZ 81
Rallye 64
Regeln 4
Reifen 47
Riechzellen 5
Rituale 10, 77
Rohre 48

Schatzsuche 68
Sicherheit 75
SITZ 80
Slalom 27, 36, 55
Spiele, mit Geräten 34
Spiele, ohne Geräte 12 ff.
Springding 52
STEH 82
Stress 7 ff.
SUCH SCHÖN 87

Tisch 58
Toberunde 76
Training, geistiges 4
Trainingsstunde 76
Tunnel 48

Unterlage, knisternde 40
Unterordnung 11

Verkehrsschild 56
Vertrauen 4

Welpenschutz 74
Welpenspielstunden 74
Wippe 49

Bildnachweis

170 Farbfotos wurden von Hans Werwatz/Kosmos (www.wpm-media.com) für dieses Buch aufgenommen.

Impressum

Umschlaggestaltung von eStudio Calamar unter Verwendung von zwei Farbfotos von Hans Werwatz/Kosmos.

Mit 170 Farbfotos.

Alle Angaben und Methoden in diesem Buch sind sorgfältig erwogen und geprüft. Sorgfalt bei der Umsetzung ist indes doch geboten. Verlag und Autorin übernehmen keinerlei Haftung für Personen-, Sach- oder Vermögensschäden, die im Zusammenhang mit der Anwendung und Umsetzung entstehen könnten.

MIX
Papier aus verantwortungsvollen Quellen
FSC® C022125

Gedruckt auf chlorfrei gebleichtem Papier

ISBN 978-3-440-12283-9
Redaktion: Hilke Heinemann
Gestaltungskonzept: eStudio Calamar
Gestaltung und Satz: DOPPELPUNKT, Stuttgart
Produktion: Eva Schmidt
Printed in Germany / Imprimé en Allemagne